持続可能な開発目標と国際貢献 —フィールドから見たSDGs—

北脇秀敏・金子 彰・松丸 亮・眞子 岳［編］
東洋大学国際共生社会研究センター監修

朝倉書店

執筆者（執筆順）

岡　田　未　来（1章）　国際協力機構（JICA），主任調査役

*坂　元　浩　一（2章）　東洋大学国際学部，教授

*松　行　輝　昌（3章）　大阪大学産学共創本部，招聘准教授

*森　　　晶　子（コラム1）　特定非営利活動法人 ブリッジ エーシア ジャパン，ミャンマー国代表

*村　上　淑　子（4章）　東洋大学国際共生社会研究センター，客員研究員

*岡　村　敏　之（コラム2）　東洋大学国際学部，教授

*荒　巻　俊　也（5章）　東洋大学国際学部，教授

**眞　子　　　岳（コラム3，14章）　東洋大学国際共生社会研究センター，研究助手

**松　丸　　　亮（6章，14章）　東洋大学国際学部，教授

*マリア・ロザリオ・ピケロ=バレスカス（7章）　東洋大学国際共生社会研究センター，客員研究員

*藪　長　千　乃（8章）　東洋大学国際学部，教授

*島　野　涼　子（9章）　東洋大学国際共生社会研究センター，客員研究員

*藤　稿　亜矢子（10章）　東洋大学国際観光学部，准教授

金　　　承　珠（コラム4）　尚絅大学文化言語学部，講師

遠　藤　　　衛（11章）　アフリカ開発銀行（AfDB）アジア代表事務所，主席渉外広報官

パトリック・ホメ（12章）　ジョモ・ケニヤッタ大学土壌・水・環境工学科，准教授

デイビッド・ムブル（12章）　ジョモ・ケニヤッタ大学土地利用計画・資源管理学科，准教授

ジェームズ・メッソ（12章）　ジョモ・ケニヤッタ大学土壌・水・環境工学科，上級講師

ポール・カヒガ（12章）　ジョモ・ケニヤッタ大学土壌・水・環境工学科，技術職員

*志　摩　憲　寿（13章）　東洋大学国際学部，教授

*杉　田　映　理（13章）　東洋大学国際学部，教授

*花　田　真　吾（13章）　東洋大学国際学部，講師

**北　脇　秀　敏（14章）　東洋大学国際学部，教授

**金　子　　　彰（14章）　東洋大学国際共生社会研究センター，客員研究員

* 東洋大学国際共生社会研究センター所属

** 東洋大学国際共生社会研究センター所属，本書編集委員

は じ め に

従来，発展途上国の発展の目標として国連により2000年にミレニアム開発目標（Millennium Development Goals：MDGs）が採択され，これにしたがった努力により貧困の削減などに多くの成果が上がった．しかし，とくに多くの課題を抱えている地域などを中心にさらに取り組むべき課題は少なくない．そのため，国連により新たに2015年に持続可能な開発目標（Sustainable Development Goals：SDGs）が採択され持続可能な開発を進めていくこととなった．この中では先進国も含めた各国がこの目標を自らのものとして取り組んでいくことが求められている．このSDGsの実現に積極的に貢献することが国際協力に取り組む東洋大学国際共生社会研究センター（以下，センター）の使命である．

センターはこれまで持続可能な開発の実現を目指した様々な取組みを行ってきた．とくに，コミュニティの発展が開発の基礎となると考えられることからその具体的な発展のためにフィールドを基礎とした様々な分野の調査・研究・実践を行ってきた．その中で内発的発展をいかに進めるかがそのポイントであり，持続可能な発展に貢献できるものと考えている．

本書は，このようなセンターの目指す持続可能な発展に向けたセンター研究員の取組みに加え，SDGsの専門家，海外の大学や国際開発機関の専門家の実際の取組みを紹介するものである．SDGsは広範囲にわたり，センターでそのすべてをカバーすることはできないものの，本書で示す内容は，他の多くの分野にも適用できるものであり，SDGsの他の分野にも広く共通する実現への具体的な展望を体系的に示すことができたと考えている．

センターとしてはこれまでと同様フィールドを基礎としたSDGs実現に貢献する活動を行っていくとともに，本書では述べていないが，これまでも取り組んできた実現のために必要とされる人材育成や海外の大学や関係機関との連携などをさらに進めていくこととしている．

これらのことにより，センターは国際的であると同時にリアリティのある成果を得ることできると考えている．本書はこのようなセンターの特徴ある活動成果と今後の道筋を述べたものであり，国際協力に携わるあるいは志す多くの方々の参考になれば幸いである．

最後に，研究等でお世話になった現地の方々やセンターの活動にご支援をいただいてきた内外の多くの方々や組織の多大なるご協力に謝意を表したい．とくに，センターの活動は文部科学省の私立大学戦略基盤形成事業の支援により実施したものであり，謝意を表したい．

なお，本書を刊行するにあたり朝倉書店の編集部には編集作業において多大なるご尽力をいただいた．ここに心から感謝したい．

2017年8月

東洋大学国際共生社会研究センター長
東洋大学副学長・国際学部教授
北脇　秀敏

目　　次

1．持続可能な開発目標（SDGs）とは何か

1.1　SDGs 概要

2015 年 9 月 25 ～ 27 日，ニューヨーク国連本部において「国連持続可能な開発サミット」（国連サミット）が開催され，国連加盟国によって「我々の世界を変革する：持続可能な開発のための 2030 アジェンダ（Transforming our world：the 2030 Agenda for Sustainable Development）」が全会一致で採択された．2030 アジェンダは 2016 年から 2030 年までを対象年とし，「持続可能な開発目標（SDGs：Sustainable Development Goals）」を設定している．SDGs は「ミレニアム開発目標（MDGs）」の後継といわれるが，その内容やスコープは大幅に拡大されている．MDGs が開発途上国の貧困削減を中心に据えていたのに対し，SDGs は貧困の撲滅と持続可能な開発を目指しており，途上国のみならず先進国を含むすべての国に適用される普遍性（universality）が最大の特徴である．MDGs の残された課題（飢餓，初等教育，母子保健，衛生等）に加え，この 15 年間で新たに浮上した格差や環境等の地球規模課題に対応する新たな世界目標として策定された．MDGs と同じく法的拘束力はないが，先進国を含むあらゆる開発レベルの国々の主体的な取組みを求めるものである．

SDGs は 17 ゴール（表 1.1）と 169 ターゲットで構成されており，経済，社会，環境の 3 つの側面を兼ねそろえている．また国や地域といったレベルのみならず，個々の人間に焦点を当て「誰も取り残されない（leaving no one left behind）」ことを掲げている．さらに各ゴール，ターゲットは独立して存在しているのではなく，互いに統合的かつ分割不可であり相互の連関性を意識することが重要とされている．そして 2016 年以降の実施に向け，先進国を含むすべての国は，各国の異なる能力や開発レベルに応じた SDGs を自国政策等へ反映させることが求められ

表 1.1　SDGs の 17 ゴール

1.	あらゆる場所のあらゆる形態の貧困を終わらせる.
2.	飢餓を終わらせ，食料安全保障および栄養改善を実現し，持続可能な農業を促進する.
3.	あらゆる年齢のすべての人々の健康的な生活を確保し，福祉を促進する.
4.	すべての人々への包摂的かつ公正な質の高い教育を提供し，生涯学習の機会を促進する.
5.	ジェンダー平等を達成し，すべての女性および女児の能力強化を行う.
6.	すべての人々の水と衛生の利用可能性と持続可能な管理を確保する.
7.	すべての人々の，安価かつ信頼できる持続可能な近代的エネルギーへのアクセスを確保する.
8.	包摂的かつ持続可能な経済成長およびすべての人々の完全かつ生産的な雇用と働きがいのある人間らしい雇用（ディーセント・ワーク）を促進する.
9.	強靱（レジリエント）なインフラ構築，包摂的かつ持続可能な産業化の促進およびイノベーションの推進を図る.
10.	各国内および各国間の不平等を是正する.
11.	包摂的で安全かつ強靱（レジリエント）で持続可能な都市および人間居住を実現する.
12.	持続可能な生産消費形態を確保する.
13.	気候変動およびその影響を軽減するための緊急対策を講じる*.
14.	持続可能な開発のために海洋・海洋資源を保全し，持続可能な形で利用する.
15.	陸域生態系の保護，回復，持続可能な利用の推進，持続可能な森林の経営，砂漠化への対処，ならびに土地の劣化の阻止・回復および生物多様性の損失を阻止する.
16.	持続可能な開発のための平和で包摂的な社会を促進し，すべての人々に司法へのアクセスを提供し，あらゆるレベルにおいて効果的で説明責任のある包摂的な制度を構築する.
17.	持続可能な開発のための実施手段を強化し，グローバルパートナーシップを活性化する.

*国連気候変動枠組条約（UNFCCC）が，気候変動への世界的対応について交渉を行う基本的な国際的，政府間対話の場であると認識している.

（外務省ホームページより抜粋）

ている.

2030 アジェンダは SDGs を含む以下の 5 つの章で構成されている.

① 序文：持続可能な開発の重要分野として，「人々（People）」「地球（Planet）」「繁栄（Prosperity）」「平和（Peace）」「連帯（Partnership）」の 5 つの P を例示している．貧困撲滅を最大の地球規模課題とし，同時に経済，社会，環境の 3 つの側面のバランスをとる持続可能性も追求する.

② 政治宣言：誰も取り残されないことを目指し，一人一人に焦点を当てる「人間中心（people-centered）」の概念を基礎としている．脆弱国・地域，社会的弱

者を含め，あらゆる格差の排除を志向する意味で包摂的（inclusive）かつすべての国に適用される普遍的な目標の2030年までの達成を宣言している．

③ SDGs：17ゴール，169ターゲットで構成され，達成を計測するための指標は含まれていない．指標については2017年以降に国連統計委員会を経て国連総会にて採択される予定である．

④「実施手段とグローバルパートナーシップ」：実施手段については，2015年7月の「第3回開発資金国際会議」で採択された「アディスアベバ行動目標」を2030アジェンダの一部分として位置づけ，同目標について言及している．またグローバルパートナーシップについては，企業や市民社会の役割はますます高く，政府，国連機関等とともにすべてのアクターが連携すべきとしている．

⑤「フォローアップレビュー」：フォローアップレビューはSDGsの実施進捗を確認することを目的とし，開発効果向上，好事例や共通課題の相互学習や説明責任強化のために重要とされている．各国主導にて，各国の異なる現状（能力，開発レベル）や政策等に配慮し自主的に行うとされている．グローバルレベルでは，課題別のレビューを含めて毎年開催される国連ハイレベル政治フォーラムの場で実施することが合意されている．

1.2　ミレニアム開発目標（MDGs）

1.2.1　途上国の貧困削減を目指して

MDGsは世界で初めてのグローバルな開発目標として，2001年に国連や世界銀行，OECD，NGOsの代表で構成される専門家パネルによって作られた．8ゴール（表1.2），21ターゲット，60指標が設けられ，8つのゴールは，途上国の貧困削減をはじめとして，初等教育やジェンダー，母子保健や感染症等，主に社会セクターが中心であった．

MDGsは単純明快，2015年末までの15年間という期限付きで世界共通の目標を整理した点で一定の評価を受けている．しかし先進国の責任が不明確で最終的には途上国を支援する各ドナー国によって資金量や支援形態が決められていた．また途上国からは，策定のプロセスが国連主導で加盟国の関与が不十分であったとの批判が出ていた．

表 1.2 MDGs の 8 ゴール

1. 極度の貧困と飢餓の撲滅
2. 初等教育の完全普及の達成
3. ジェンダー平等推進と女性の地位向上
4. 乳幼児死亡率の削減
5. 妊産婦の健康の改善
6. HIV/エイズ，マラリア，その他の疾病の蔓延の防止
7. 環境の持続可能性確保
8. 開発のためのグローバルなパートナーシップの推進

（外務省ホームページより抜粋）

1.2.2 MDGs の達成結果と残された課題

MDGs の形成は，多くの国で貧困削減や基本的ニーズの充足に大きく貢献した．国連の年次進捗報告書によれば，ゴール 1（貧困と飢餓）のうち貧困の半減については，1 日 1.25 ドル未満で生活する人口の比率が 1990 年の 47%から 2015 年に 14%まで減少し目覚ましい進展が見られた．その他，ゴール 3（ジェンダー），ゴール 6（感染症），ゴール 7（環境：水）などに大きな改善が見られる．

他方，残された課題もある．ゴール 2（初等教育），ゴール 4（乳幼児死亡率），ゴール 5（妊産婦死亡率），ゴール 7（環境：衛生）などである．またグローバルに見て既に達成されたとされるゴールであっても国・地域により様々で，サブサハラ（サハラ以南）・アフリカや西・南アジア，オセアニアを中心に紛争国や脆弱国で達成に遅れが目立ち，この 15 年間で地域間・国家間格差が拡大したといわれている．

1.3 SDGs 策定の経緯

1.3.1 MDGs の反省と環境分野での議論

策定プロセスが国連主導との批判を受けた MDGs の反省を踏まえ，SDGs の策定は加盟国を中心にしつつ，国際機関や市民社会，企業などあらゆる関係者が包括的に参加する公開プロセスで進められた．ただしプロセスは単純ではなく，MDGs の評価・反省からの積上げと，環境分野からの動きの大きく 2 つの経路があり，やや複雑な諸議論が展開された．

MDGs からの積上げ（ポスト 2015 年開発アジェンダ）の発端は，2010 年 9 月のMDGs国連サミットの成果文書に見られ，同文書に従ってMDGsの進捗を確認するべく2005年と2010年に国連サミットが開催された．また2015年以降のアジェンダ検討のため，2012年に国連事務総長は諮問グループとして「ポスト2015年開発アジェンダに関するハイレベルパネル」を設置した．同パネルには27名の有識者が加盟国，企業，学識者，市民活動家等から地域やジェンダーのバランスに配慮して選出され，共同議長はインドネシアのスシロ・バンバン・ユドヨノ大統領（当時），リベリアのエレン・ジョンソン＝サーリーフ大統領，英国のデービッド・キャメロン首相（当時）が務めた．パネルは2013年5月に報告書を完成させ，12のゴールと54のターゲットを例示した．さらに同年7月には，事務総長報告書（“A Life of Dignity for All”）にて15アクションが提示され，9月には新アジェンダ形成にかかる国連総会MDGs特別イベントが開催された．

他方，環境分野からの動きは，2012年の「国連持続可能な開発会議（リオ＋20）」にてグアテマラとコロンビア両政府がSDGsの策定を最初に提案したことに端を発する．最終的に，同会議成果文書にてSDGs策定のための「公開作業部会（Open Working Group）」および「持続可能な開発のための資金戦略に関する政府間専門家委員会」の設置が決定された．この時点ではポスト2015年開発アジェンダとの関係は不明確であり，リオ＋20成果文書中でも「ポスト2015年開発アジェンダプロセスとの調整，一貫性」が必要との言及のみであった．しかしこの時点で，目標策定のための加盟国間による交渉として公開作業部会と加盟国間交渉の2段階で進められることが決定していたといえる．

MDGsと環境分野からの議論の流れは，以下図1.1（上段部分）のとおりである．上述した加盟国による議論のほか，国連，学者，企業，市民等あらゆる関係者の参加を確保すべく，国連内に様々なフォーラムやイニシアティブが形成され，成果報告書等が出された．

1.3.2 SDGs公開作業部会

公開作業部会は2013年3月～2014年7月に全13回開催された．5つの地域（アフリカ，アジア・太平洋，ラテンアメリカ・カリブ，東欧，西欧・その他（北欧等））に1～3か国の全30グループが採用され，2013年1月に正式に設置された．共同議長はカマウ・ケニア大使とコロシ・ハンガリー大使が務めた．最終の第13回会議では夜を徹した議論の末成果文書が合意され17ゴール，169ターゲ

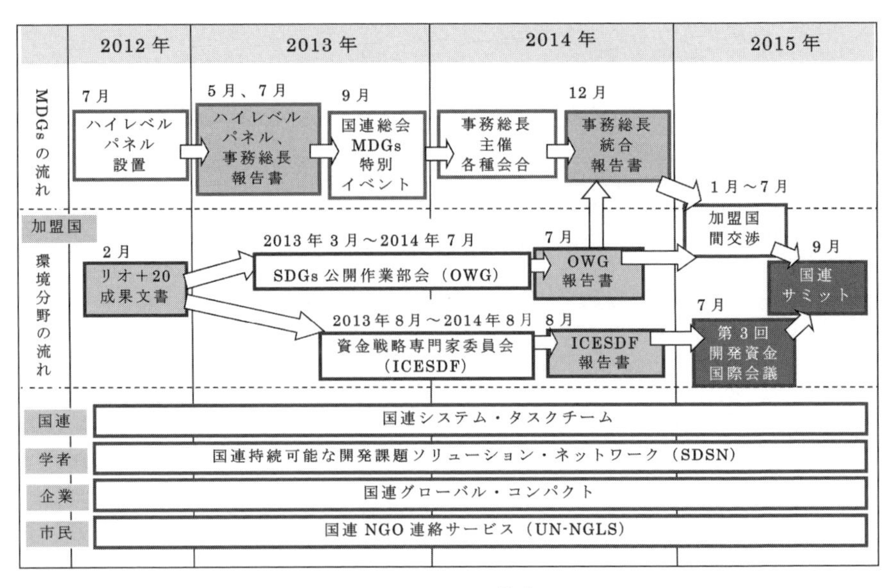

図 1.1　2030 アジェンダ策定プロセス

ットが提案された．

公開作業部会では，持続可能な開発として貧困削減から環境，平和と安全な社会，実施手段といった幅広いテーマについて議論が行われた．そして同作業部会が新アジェンダ形成プロセスの中心的位置づけであるとの議論が加盟国の間でしだいに高まってきた．よってMDGsからの流れであるハイレベルパネル報告書（2013年5月）は，あまり注目を集めなかった．その後，公開作業部会成果文書の第68回国連総会（2014年9月）での採択にあたり，文書の位置づけにつき改めて議論となった．米国，英国，カナダなど先進国の一部は，ゴール数が多すぎることを懸念し削減・統合を考えていたが，一切の再交渉に反対する途上国側の意見が反映され「同報告書が加盟国間交渉の主たる基礎（main basis）となる」ことが合意された．

1.3.3　国連事務総長統合報告書

公開作業部会の成果文書完成後，これまでの各種成果を取りまとめる目的で，2014年12月に事務総長統合報告書が作成された．当初，報告書は翌年から始まる加盟国間交渉の基礎となる予定であり，とくに公開作業部会で合意された17のゴール数をどれだけ減らせるかという点で大変な注目を浴びていた．しかし報告書にはゴールの言及はなく，6つの必須要素（尊厳，人々，繁栄，地球，公正，パートナーシップ）に触れるに留まった．この背景には，報告書作成段階にて様々な政治的意見対立による混乱があったため，ゴール，ターゲットの削減を検討，提案することが困難であったことが想像される．

1.3.4　SDGs 加盟国間交渉

全加盟国による SDGs 加盟国間交渉は 2015 年 1 ～ 8 月に全 8 回行われた．共同議長はドノヒュー・アイルランド大使およびカマウ・ケニア大使の 2 名が指名された．交渉では加盟国の個別発言よりもグループの発言が優先された．とくに G77 ＋中国は途上国を代表する 132 の途上国が参加する最大の交渉グループであり，交渉プロセスにおいて圧倒的な存在感を示した．中でも，インド，ブラジル，中国は，強大な途上国としてのリーダーシップを発揮した．これらの国は SDGs 達成への責任について，「南の途上国」の立場から「北の先進国」の役割を強調し続け，北と南の対立構図は依然根強いものがあった．

当初の想定では 2030 アジェンダの主要形成プロセスは本加盟国間交渉であり，前年までの公開作業部会はその準備プロセスとしての位置づけに過ぎなかった．しかし上述のとおり，作業部会の成果文書こそが「交渉の主たる基礎」とされたこともあり，G77 ＋中国はゴール，ターゲットを一切変更するべきではないと強硬に主張した．成果文書を妥協の産物として疑義を挟むことはアジェンダ形成の大幅な遅れにつながると思われたため，ゴール，ターゲットともに数の削減には至らなかった．

1.3.5　交渉の主な対立論点

公開作業部会の交渉は，先進国と途上国の間の対立論点により最後まで難航した．例えば気候変動に関しては，途上国の中でも単独ゴールとすべきかどうか意見が分かれたが，結果的には単独ゴールとして残しつつ気候変動枠組条約を予断しない旨，導入部やゴール（サブタイトル）に記載された．また実施手段については，G77 ＋中国は単独ゴール 17 のみならず，個別ゴールごとに特定の実施手段を設定するよう主張した．これに対し先進国は，個別ゴールの資金や技術移転，能力強化など詳細に設定されかねないと懸念し，ゴール 17 内に集めるべきと反対したが，最終的には各ゴールに個別の実施手段が 43 ターゲット残留した．

このほか，交渉プロセスを通じて「南北対立」を表す象徴的な用語となった「共通だが差異ある責任（CBDR：common but differentiated responsibility）」は，最後まで最大の争点であった．CBDR は先進国による環境破壊の歴史的責任を問う概念で，1992 年「地球環境サミット（リオサミット）」の「リオ宣言」に最初に登場した．G77 ＋中国は「環境分野のみならず SDGs の全分野に CBDR を適用すべき」と主張し，先進国は，CBDR があくまで環境分野での合意事項であり全分野へ拡大解釈すべきでないと反対した．最終的には「リオ宣言」の原則に触れる形で 2030 アジェンダに CBDR が残った．しかし，あくまで環境分野の文脈に限定されるという先進国の解釈と，アジェンダでの言及をもって，SDGs 全体への適用であるとの途上国の解釈には依然大きな隔たりがあり，今後の国際会議でも対立論点となる可能性が高い．

1.4　SDGs の実施手段

1.4.1　第 3 回開発資金国際会議

2030 アジェンダに必要な資金をはじめとして，技術，能力構築，貿易，政策・制度，パートナーシップ，データ，モニタリング等あらゆる実施手段については，2030 アジェンダ交渉とは別途，2015 年 7 月の第 3 回開発資金国際会議にて議論された．MDGs では第 1 回会議（モンテレー）の開催が 2002 年と MDGs 策定より 2 年も遅れたことの反省を踏まえ，また SDGs 採択前に議論すべきとの途上国の主張が通り，9 月の国連サミット開催前に開催された．

同会議に先立ち，リオ＋ 20 で設置された「持続可能な開発のための資金戦略に関する政府間専門家委員会」は 5 地域から 30 名の専門家が選出され，第 3 回開発資金会議の議論のベースとして，開発資金源の確保とその有効な活用方法についての戦略が 2014 年 8 月に発表された．

開発資金会議では ODA の国民総所得（GNI：Gross National Income）比 0.7% といった ODA 数値目標の達成は重要としつつ，SDGs の実現には数兆ドルが必要と試算され，数十億ドルの ODA 規模では絶対的な資金不足であるとの認識が共有された．また国内資金など広範な資金動員の必要性と動員のための ODA を含む国際公的資金の触媒的役割の重要性を強調する形で，「アディスアベバ行動目標」が採択された.

1.4.2 第3回開発資金国際会議と実施手段の関係

2030 アジェンダの実施手段については，開発資金会議での議論に委ねることで合意されていたのだが，加盟国間交渉では同会議の位置づけが常に争点となった. G77＋中国は，開発資金会議の成果は補完的内容に過ぎず，まったく別プロセスとしてSDGs 加盟国間交渉とは切り離し，両方の会議で議論すべきと主張した. この背景には，対途上国支援に関わる実施手段について交渉する機会を，できる限り多く確保したいとの途上国の思惑があった. 一方先進国は，資金会議の成果は 2030 アジェンダの実施手段と同義であると反対した. この点について「アディスアベバ行動目標」では「具体的な政策・取組みに支えられたグローバルパートナーシップの枠組の中で SDGs が達成され得る」という非常に玉虫色の表現がなされたため，SDGs 交渉の最後まで対立が続いた. 結果としては「アディスアベバ行動目標」が 2030 アジェンダの不可欠な一部として整理された.

SDGs 加盟国間交渉は非常に難航したものの，共同議長の見事な采配もあり，2015 年 8 月には 2030 アジェンダと題するサミット宣言のドラフトに合意して実質妥結し，9 月 25 ～ 27 日の国連サミットでの正式採択に至った.

1.5 SDGs 実施に向けた提言

3 年近くにわたった SDGs 策定プロセスは，より多様な関係者の意見を集約することを重視したことで，最後まで交渉の行方が予測できず様々な議論が交わされた. 結果的には SDGs 公開作業部会の成果文書の大幅な変更は行われず，ターゲットの一部微修正を除き，ゴール，ターゲットが転記される形で決着した. 振り返れば，2014 年 9 月の国連決議にて，公開作業部会の成果を「交渉の主たる基礎」と合意してしまったことで，2015 年からの本格的な加盟国間交渉にて先進国が目指したターゲット数の削減が難しくなったことを考えると，このときの作業部会での合意は非常に重要であったといえる.

SDGs はゴールやターゲットの量の多さや，実施の具体的プロセスが示されていないことなど枠組に対して様々な批判が見られる. 必要な資金量が莫大で実現は不可能，優先順位が示されていない，費用対効果を分析のうえ効率的なゴールに注力すべき等の声もある．他方，世界が行動変化を起こすべき「チェックリスト」と考えるべきとの見解もあり，また企業にとっては顧客や卸売業者，自然環境との関係について業務の棚卸しをし，ビジネスへの反映の機会であるとの指摘もある．また，2030 アジェンダ採択の翌日に発表された日本の市民社会（「国際協力 NGO センター」および「動く→動かす」）とビジネスセクター（「グローバル・コンパクト・ネットワーク・ジャパン」）による共同声明では，「日本の国際協力 NGO にとっては，MDGs から SDGs への転換点がこれまでの国内外での取組みをさらに強化していく契機」となると評価している．これを機会として前向きに捉え，関係者を巻き込み，実施とフォローアップ・レビュー体制を整備することが重要である．

とくに MDGs の経験を有する一部の途上国を中心に，各国レベルのゴール，ターゲット設定のため国家開発戦略や政策への内包化の議論が既に行われている．上述のとおり 17 ゴールは個別に対応するのではなく，例えば都市開発における環境の側面（低炭素化の推進）や社会的側面（社会保障，高齢化）のように，複数ゴールやターゲットに包括的に取り組む事業が求められる．複数セクターを扱う際には，課題相互のネクサス（連環または関連（性））を理解すること，水とエネルギー，食料安全保障等のように，水分野だけでも水利用のためのエネルギー需要や，農業用水としての水など，セクター間のトレードオフ関係にも配慮が必要となる．

2030 年まで同じトレンドをたどると想定すると，すべてのゴールで大幅な改善がなされない限り達成不可能との研究結果も示されており，これまでどおりの方法から脱却し，まさに文字どおり「世界の変革」に対する日本そして世界の覚悟が試されているのである．

参　考　文　献

1）外務省ホームページ　http://www.mofa.go.jp/mofaj/
2）国際協力 NGO センター（JANIC），動く→動かす（GCAP Japan），グローバル・コンパクト・ネットワーク・ジャパン：「『2030 アジェンダ』採択に際しての市民社会・ビジネスセクター共同声明」，2015 年 9 月 26 日
3）蟹江憲史：「先進国の責任」求める新開発目標，外務省『外交 Vol.34』，2015 年 11

月
4) AfDB, ADB, EBRD, EIB, IADB, IMF, WB Group.：From Billions to Trillions: Transforming Development Finance (DC2015-0002), Apr., 2015
5) Nicolai, S., Hoy, C., Berliner, T. & Aedy, T.：Projecting Progress: Reaching the SDGs by 2030, London, Overseas Development Institute (ODI), 2015
6) Sustainable Development Solutions Network.：Getting Started with the Sustainable Development Goals, Dec., 2015
7) UN：A New Global Partnership: Eradicate Poverty and Transform Economies through Sustainable Development (The Report of the High-Level Panel of Eminent Persons on the Post-2015 Development Agenda), New York, 2013
8) UN：The Millennium Development Report 2015, New York, 2015
9) UN General Assembly：A Life of Dignity for All：Accelerating Progress towards the Millennium Development Goals and Advancing the United Nations Development Agenda Beyond 2015 (A/68/202), Jul., 2013
10) UN General Assembly：Report of the Intergovernmental Committee of Experts on Sustainable Development Financing (A/69/315), Aug., 2014
11) UN General Assembly：The Road to Dignity by 2030: Ending Poverty, Transforming All Lives and Protecting the Planet (A/69/700), Dec., 2014
12) UN General Assembly：Addis Ababa Action Agenda of the Third International Conference on Financing for Development (Addis Ababa Action Agenda) (A/RES/69/312), Jul., 2015
13) UN General Assembly：Transforming Our World: the 2030 Agenda for Sustainable Development (A/RES/70/1), Sep., 2015
14) Open Working Group of the General Assembly：Open Working Group Proposal for Sustainable Development Goals (A/68/970), Aug., 2014

2. 経済開発とSDGs
—民間主導のアフリカ経済—

本章は2016年11月11日に東洋大学国際共生社会研究センター主催で東洋大学白山キャンパスにおいて開催された国際シンポジウム「アフリカにおける開発と環境—技術と社会の連携を目指した人材育成—」において筆者が行った講演「民間主導のアフリカ経済」をもとに刊行物として取りまとめたものである．

2.1 アフリカに関する研究の背景

2.1.1 アフリカの概要

アフリカには50以上の国があるが，本章においては，北アフリカと呼ばれるエジプトからモロッコまでの5か国を除いたそれ以外の国々，すなわち英語でいうSub-Saharan Africa，日本語ではサブサハラ・アフリカ，すなわちサハラ以南アフリカ，あるいはサハラ砂漠より南のアフリカを中心としている．なお，サハラ以南のアフリカといったとき，サハラ砂漠の南辺の10か国を指すことがあるが，そうではなく，サハラ砂漠から南，南アフリカまでをサハラ以南アフリカという．したがって，本章でサハラ以南アフリカが何パーセントという場合は，これらの国々全部ということになる．

ただし，北アフリカのモロッコも筆者の研究対象としているので，モロッコも含めて説明することがある．日本がアフリカ支援のために，東京アフリカ開発会議TICAD（Tokyo International Conference on African Development）という国際会議を催しており，2016年8月の末にはナイロビで開催された．この会合には北アフリカの国々の首脳級の方々も呼ばれており，TICADの対象はアフリカ全体である．したがって本章でアフリカ全体というときは北アフリカも入っている．ただし，北アフリカの国々は，ある意味でアラブ人の国々であり，北アフリカの国々と中東の国を合わせて中東問題として考えることがある．

サブサハラ・アフリカの国を考える際，とくにナイジェリアと南アフリカを分けて考えることがある．ナイジェリアは人口が1億を超えており，南アフリカというのはかなり先進経済であり，この2国を除いた成長率の議論などをすることがある．

2.1.2 研究の対象としてのアフリカの国々の概要

筆者はこれまでサブサハラ・アフリカの主な国19か国に延べ35回にわたって訪問しており，2015年には念願かなってナイジェリアを訪問した．そこで，サブサハラ・アフリカであるが，大別すると4つの地域となる．すなわち，ケニアも含まれる東アフリカ，南部アフリカ，コンゴを中心とした中部アフリカ，次いで西アフリカとなる．一般的に西と中部にフランス語圏が多く，英語圏の国が多いのが東アフリカと南部アフリカである．

南部アフリカにマラウィという国があるが，筆者はここに4年間国連の仕事で滞在した．この国も英語圏である．実はマラウィには多くの青年海外協力隊の隊員が派遣されており，治安もよいことから女性の隊員も多く派遣されているとのことであった．青年海外協力隊に将来参加を希望される読者にとっては対象となる国と思われる．2016年12月からはJICA出身の女性が大使として着任されるとのことである．またエチオピアにボランティアの仕事で行ったという2名の本学（東洋大学）の学生に会った経験がある．アフリカは遠いように思われているが，中東経由であれば往復15万円程度でアフリカに行くことができるので，ぜひ関心をもち行っていただきたいと考える．

2.1.3 民間主導のアフリカ経済の議論の背景

後でも述べるが，実はアフリカは経済成長率が高い．フランス語圏の国でいうと，コートジボアールが中心で，ここに日本の合弁会社のスーパーマーケットも出ている．

筆者が民間主導のアフリカ経済のテーマを選んだ理由は，まず第一点は多くの人がアフリカについてどういうイメージをもっているかに興味をもったからである．多くの人がアフリカは貧しい，あるいは停滞しているという印象をもっているのではないかと思う．しかし，実はそれは前世紀までということで，21世紀になってアフリカでは経済的に非常に大きな循環が起こっていて，民間の活動が活発化していることがいえる．1980 年代というのは，失われた 80 年代といわれ，アフリカとラテンアメリカの経済は非常な危機に陥った．それは失われた 10 年ともいわれ，アフリカはそれを 1990 年代まで引きずった形で，その間はたしかに停滞していた．しかし，21 世紀になり民間の活動も活発になり，海外からの投資も増えてきている．とりわけ，この 5 年強の間，おそらく世界でも最も経済成長の高い国々になってきている．その意味で，民間主導のアフリカを述べる意義があると考える．

もう一点は，筆者自身が 30 年前マラウィにマクロ経済の専門家として滞在したことが原点になっている．国全体をどのように見るかという仕事をそのときから重ねてきた日本人経済専門家としてアフリカとの関わりということでは，投資，経済協力という意味での国際経済についても関わりをもたざるをえないので，マクロ経済学と国際経済学でもってアフリカを見てきたということがある．このようなことで，以下民間主導のアフリカ経済について述べていく．

なお本章の特徴を述べると，他の経済の専門家や学者と同様に国際機関の様々な統計を使って議論するわけであるが，違いが 2 点ある．その 1 つが，既に述べたように，現地に行ってみる，現地の人の話をいろいろ聞くということを実践している．またヨーロッパにおいて基本的な情報を集めるとともに，援助関係者と対話を行っており，それらを踏まえた議論になっていることである．

もう 1 点は中国とアフリカの経済的結びつきも議論していることである．既に TICAD は日本主導でアフリカ支援を行っていると述べたが，中国もアフリカとの経済的結びつきを強めながら進出しており，経済協力の面でも非常に重要になってきている．中国の場合，後で述べるように，中国・アフリカ協力フォーラム FOCAC（Forum on China-Africa Cooperation）という枠組がある．日本の枠組と中国の枠組が競合しているとしてマスコミにも取り上げられている．筆者も過去 10 年間毎年中国に行き，中国の援助関係者や援助関係の学識経験者と意見交換をしてきており，それについても述べる．

以上，本章の議論の背景を述べたが，以下 2.2 節ではマクロ経済の現状，2.3 節では投資の現状，2.4 節では今後の展望について述べる．

2.2 マクロ経済の現状

2.2.1 地域単位で見た経済成長

まずマクロ経済の現状について述べる．筆者はアジアの調査もかなり経験しており，アジアとアフリカの比較という面も含め，地域という視点から見ていく．

経済になじみの薄い読者のために説明すると，資料としてはIMF（International Monetary Fund）という国際機関が"World Economic Outlook"（日本語では「世界経済見通し」）という資料を年2回春と秋に発表している．これは最も権威のある経済分析レポートおよび経済予測と考えられている．本章では2016年4月号を使用している．既に2016年10月に最新の統計が発表されているが基本的には4月号に出ている分析と今後の予測は10月でもほとんど変わらないので4月のものを使っている．その中で基本的な経済資料として経済成長率が示されている．これは国全体の経済成長率で，金額ベースで経済がどれだけ伸びているかを示している．2015年，2016年の平均の数値を見ると，世界全体は3%強で，当然先進工業国は低く，それを支えているのが発展途上国および新興市場国であり，一番成長率が高いのはアジアで6.5%である．

一方，サブサハラ・アフリカは3.2%で世界全体と同程度と思われるかもしれないが，ここでナイジェリアと南アフリカを除いてみる必要がある．それはこの2国の経済成長率は少し低いからであり，ナイジェリアは産油国でこの2年間石油価格が下がって経済成長率を下げている，南アフリカはかなり成熟した経済でそれほど経済成長率が高くない．したがって，この2国を除くとサブサハラ・アフリカはかなり経済成長率が高い国が多いといえる．エチオピア，タンザニアは7%，今や中国を抜いて一番成長率の高いインドと同じくらいの経済成長率といえる．

経済分析をしている立場から見ると，どの構成要素がその7%の高い経済成長に貢献したのかを見ることになる．一番着目するものの1つが投資である．投資/GDPを投資率というが，もし資金を十分得ることができ，投資をすれば経済成長率は高くなる．2015年，2016年について，エチオピア，モザンビーク，タンザニアではこの投資率が30～40%になっており，これはかなり高い．したがって，経済全体で見れば非常に躍動感のある経済と考えられる．

アジアとの比較で見るとASEAN（東南アジア諸国連合）という東南アジア10

か国の地域協力機構がある．その中で大きな国としてマレーシア，タイ，フィリピン，インドネシア，ベトナムの5か国があげられる．これらの国の平均の投資率が29%で，上述のアフリカの国々はそれを超える経済成長率であることがわかる．かつて東南アジア，例えばインドネシアの経済成長率が高かったときには，40%の投資率であった．それが今やアジアからアフリカに来ている．この点が特筆すべきことと考えられる．

2.2.2 主な国の経済成長

既に述べたように，筆者は2015年末にナイジェリアの首都ラゴスを訪問している．治安の懸念があったが，訪問してみるとにぎやかであった．現地を訪れることの必要性を感じるとともに，ナイジェリアに対する親近感をもつようになった．さて，2011年からナイジェリアは経済的には南アフリカを抜いて，2016年時点では国内総生産は南アフリカを2倍くらい凌駕する大国となっている．直近の数値では石油価格が暴落したことで経済成長率はかなり下がっている．しかし，2015年12月に訪問した段階ではナイジェリア経済はかなり状況がよくなり，5%の経済成長率であり，とくに自動車産業については30の多国籍企業が進出を決めている．後で述べるように日本の企業は比較的後発であるものの，2014年，2015年に新しい投資を決めている．

EIU，これは英国のエコノミスト誌の調査部門であるが，この最新のレポートによれば，ナイジェリア経済はかなり良いとされている．現在の政権が経済の自由化を進めており，また腐敗防止にリーダーシップをとっていることが高く評価されており，今後も政治的な安定が確保され，ナイジェリアの未来は明るいとされている．

筆者が訪問した北アフリカの国モロッコについて述べる．北アフリカあるいは中東というと混乱，戦争があると思われがちで，2011年の初めから「アラブの春」，すなわちアラブ地域で起こった民主化運動の影響で政治的には混乱している．シリアでは今でも戦争があるが，モロッコだけは別天地である．筆者は2012年に訪問したが，EUとの間で特恵的な協定を結んでおり，ルノーが2012年から自動車の生産を始めている．

ここで国別に全体像を見る．このためにはカントリーランキングという資料があり，これを用いてアフリカの国々の位置づけについて述べる．この資料は正式には Global Competitiveness Ranking というもので World Economic Forum というスイスの機関が毎年秋に発表するもので，世界 140 か国を，国際競争力という意味で比較している．この中ではどれだけ海外に門戸を開いているか，例えば輸出，貿易や投資においてどれだけ門戸を開いているかが一番重要なポイントである．

それによると，南アフリカ，ルワンダ，モロッコなどがかなり高いランクになっている．アジアで見るとベトナムが 56 位になっているが，日本の投資が進んでいるにもかかわらず，ミャンマーは 131 位のランクである．同じことがアフリカについてもいえる．上述の 140 か国のランクのうち 131 位から 140 位のワースト 10 のうち 7 か国がアフリカの国である．モザンビークもこの中に入っているが，この国の投資率は 2012 年，2014 年には 50% を超えている．国際的な取引という意味でまだ門戸を開いていない部分があり，国内的にも電力の問題があることやインフラがない，あるいは人的な資源が不十分だといったことがあり，このランキングは低くなっている．しかし，実はかなりの規模の投資がなされており，日本企業も商社がブラジルの企業と組んで投資を始めている．安倍首相もモザンビークを訪問し，大規模な支援を発表したところである．

上述のとおり，アジアを凌ぐ経済成長率を達成している国々がアフリカにあるということを本節のまとめとしておきたい．

2.3 アフリカに対する海外投資

2.3.1 海外投資とは

経済になじみの薄い読者のために投資について一般的に説明すると，まず 1 番目が Foreign Direct Investment（海外直接投資）である．具体的には，工場建設等直接的に生産活動に関わるもので，一般的に FDI といわれる．2 番目は Portfolio Investment（証券投資）である．1 番目は直接生産活動に関わる投資であるのに対し，2 番目は別の言い方で間接投資という．アフリカの会社等が発行する債券や株式に対する投資がここに入る．アフリカの場合はアフリカ各国の政府の発行する債券（国債）が中心になるが，そういう間接的な債券，株式に対する投資である．これらが民間投資である．3 番目は ODA（Official Development Assistance，政府開発援助）である．

前世紀にはアフリカはODA依存であったが，なかなかうまくいかなかった事実がある．それが21世紀になりODAから民間の投資へと，すなわちFDIと証券投資へと移行してきたことは重要なことである．最後に中国のアフリカへの投資について付加的に述べる．

2.3.2 アフリカに対する海外直接投資

海外直接投資については，2015年12月に出た世界銀行の最新の統計を用いる[1)]．この統計をもとに地域別の比較を行った．サブサハラ・アフリカに対しては26.6十億米ドル．それに対して中国を除いたアジア，太平洋地域に対してが60十億米ドル．今や世界の最も経済成長率の高いのはこの地域であり，60十億米ドルこれ自体かなり高いといえるが，それと比較してもアフリカはかなり良いレベルにあるといえる．ただし，この世界全体の海外直接投資の出し手は当然先進工業国であるが，その半分は中国に向けられており，いかに中国が発展している経済かと考えさせられる．残りの半分を東南アジアやアフリカの国々で分けており，アフリカへの直接投資はかなり高い水準ということが地域的な分析としていえる．

国別に見ていくと，東南アジアでも経済発展段階が比較的低くアフリカの国々と近い国，フィリピン，ベトナム，ミャンマーと比較して海外直接投資だけとりあげてみても，ナイジェリアを含めアフリカにかなりの投資がなされている．

2.3.3 アフリカに対する証券投資

証券投資については，国債を中心に説明する．ナイジェリア，南アフリカ等に対してはかなり大規模な投資が既に起こっており，証券投資の投資先として非常に有望な市場となっている．これは上述の世界銀行の2015年12月の資料によるものであるが，この中で特筆すべきこととしてアフリカの国々が発行している債券の発行ブームが起きているとされている．すなわち11か国の国々が2013年，2014年にわたって大規模な起債を行っており，政府が債券を発行して国際市場で資金を調達できた．なぜこれが特筆すべきことかというと，ここに挙がっている国々の多くは1980年代，1990年代には非常な経済危機にあり，とくに重要なのは対外債務を返せない，つまり借りているお金を返せないという債務危機の状態にあった．債務危機とは国としてほとんど破産状態であったが，見事に立ち直って今や自分で，例えばガーナ政府が国債を発行して，国際市場で欧米人などから資金を調達できるようになったということが特筆すべきことである．ただし，その最大の理由が，日本を含むG7の国々が1999年，2005年に債務の帳消しを行ったことであり，このためこれらの国々の債務負担が軽くなって経済状況がよくなり，政府が発行する国債を投資家が有望な投資先として投資するようになったことにある．

2.3.4　政府開発援助

さて民間投資と政府開発援助の比較であるが，2013年の数字では，アフリカに対する開発援助は26.6十億米ドルであり，今や政府開発援助ではなく，かなりの民間投資がアフリカにきているといえる．筆者がパリで行った経済開発協力機構やフランス援助庁の専門家との対話では，アフリカは政府開発援助の時代ではなく民間協力，すなわち民間企業の投資の時代に入ったという認識をもっているということである．

2.3.5　中国の投資

筆者はAFPという国際的な通信社からTICADの関係でインタビューを受けた．そのインタビューで，筆者は“Japan has a sense of rivalry with China which has provided large size assistance.”と述べたとされている．インタビューにおいてはアフリカ全体について話をしており，別に中国だけについて述べたわけではないが，この通信社や欧米のメディアは日本と中国のいわゆるライバル意識といったものを大きく取り上げて書いた．筆者としては必ずしも発言の趣旨と合わないところがあるが，中国の投資が非常に重要であるということでもある．

中国は先述のとおりFOCACという中国・アフリカ協力フォーラムの枠組を2000年から設けている．日本の場合は1993年からTICADを設けている．中国の主席が2015年12月のFOCACに出席し60百万米ドルを今後3年間で拠出すると発言し，これに対してナイロビで開かれたTICADで安倍首相が新たに30百万米ドルを拠出し，既に約束していた32百万米ドルとあわせて約60百万米ドルということで，数字的にみると対抗意識が出ているように見られる．

なぜ中国がアフリカに対してこのような枠組を設けたかというとアフリカと中国の貿易関係がかなり大きくなっており，中国の企業も多く進出していることがある．国際的なジャーナルに載った記事によると[2)]，1998年から2012年末までに

2千社もの中国企業がアフリカ49か国に投資をしており，アフリカ全域で100万人の中国人が住んでいるとされている．ただし中国は新興経済で，欧米の国々と比較してまだ投資のストックは低く，むしろ南アフリカの方が大きいという状況にある．

今やアフリカの経済を好感し多くの海外からの投資が行われているといえ，その中で新興経済である中国からの投資も多いということを述べて本節のまとめとする．

2.4 今後の展望

2017年から2021年の経済予測は現在と同様アジアが最も高いが，サブサハラ・アフリカも4.5%とかなり高く，アフリカの多くの主要国が5%を超える経済成長率を達成するだろうと考えられている．

特筆すべき点としては，長期的に見た場合，若年労働者の数というのは今後アフリカが最も多くなるということで，老齢化人口をかかえた先進工業国や中国も含めた新興国から多くの投資がサブサハラ・アフリカに行われるだろうという予測が出ている．例えば，中国の企業はもう中国国内で筆者の着ているようなジャケット等をつくるのではなく，エチオピアに移転してつくっていくということが既に始まっている．

もう1つ注目すべきことは，アフリカでも消費の拡大ということがあり，多国籍企業はかなりそれに着目をしている．モロッコには「モロッコモール」というショッピングモールがある．ナイジェリアでも南ア資本のスーパーマーケットを見たが，かなり大規模な消費ブームというのが既に起こっていることが感じられた．日本企業では豊田通商がCFAOというフランス最大の商社を買収し，そこを使ってフランスのカルフール（Carrefour）という世界第2の流通業と提携してアフリカ数か国でスーパーマーケットを展開している．今後の予想であるが，アフリカにおいてもミドルクラスがかなり多くなり，アフリカの消費者も価格ではなくて，品質重視ということで，今後大きな消費ブームというのが起こるだろうということが想定される．

また，日本のどんな企業が出ているのかというのを国別にまとめた資料があるが，伝統的なのは車両関係の製造業である．特筆すべきは，トヨタ自らがアカデミーを作ってトレーニングをするような民間主導での人材育成の動きが既に起こっているということである.

加えて，ケニア等であるが車両企業だけではなくて，ヌードルやラーメンといった食品産業でも日本の企業が進出している．すなわち消費ブームを見込んだ進出が見られる.

最後にまとめであるが，アフリカは高度成長がかなり確実なものになっており，それを好感した外資の導入がかなり行われており，アフリカの消費ブームを今後見込みながら投資が行われていくだろうと報告されている.

参　考　文　献

1) World Bank：International Debt Statistics 2016, Dec., 2015

2) International Monetary Fund：Investment Renaissance, *Finance & Development*, Vol. 52, No.4. Dec., 2015

3. ソーシャルビジネスとSDGs
—インフラ普及における有効性—

3.1 は じ め に

経済発展において交通・運輸，電気，給水および通信といったインフラ普及が果たす役割は大きい．開発援助の分野では，インフラ整備は，人々の生活の基盤を整えるだけではなく，経済成長を促し，それを通して貧困を削減するという考え方が浸透してきている（外務省，2015）．インフラ整備において，普及のタイミングと速度は重要な要素である．アジア・アフリカの後発の国々が今後経済的に「離陸」し持続的な経済成長を達成するためには，迅速なインフラの普及が鍵となる．例えば，電力インフラを考えると，経済成長に合わせて電力需要は高まり，それに応じて電力インフラ整備を進めていくことが更なる経済成長につながる．同時に，電力の普及は教育，医療，福祉など経済以外の分野の発展にもつながっていく．実際，離陸し始めた経済においては急速に電力需要が高まることが多く，それに合わせた投資を行い，インフラを整備していくことは容易ではないが重要なことである．

本章ではミャンマーの国家電化政策（National Electrification Plan：NEP）を事例として取り上げ，開発途上国が持続可能な開発や経済成長を達成するためのインフラ普及策について議論する．

本章でとくに取り上げるのは，インフラ普及におけるソーシャルビジネスや適正技術の役割である．これまでソーシャルビジネスやBOPビジネスは社会的課題をビジネスの手法で解決するものとして注目されてきた．社会的課題の解決（社会性）と利益の追求（事業性）の両立は一般に難易度が高いとされるが，ビジネスには自立性があり，一度仕組みができると持続可能性を得やすいという利点もあるとされる．また，適正技術は，現地に根差したテクノロジーや手法により人々のライフスタイルを変え，社会的課題を解決しようとするものである．適正技術も現地に根差し，持続可能性を志向したものである．ここでは，インフラ普及においてソーシャルビジネスや適正技術が果たす役割について議論する．具体的には，ミャンマーの国家電化政策を事例に取り上げ，その中でソーシャルビジネスや適正技術が経済成長や持続可能な開発にどのような影響を与えるか見ていくこととしたい．

3.2　ミャンマーの国家電化計画

ミャンマーはアジア最後のフロンティアと呼ばれ，今後の経済成長が見込まれている国である．しかしながら，現在のところ，アジアにおいて最も経済開発が遅れた国家の1つである．2010年の時点で人口の約3割が絶対的貧困の状態にあり，少なくとも70%の貧困層は農村に住み，主に農業に勤しんでいる．2011年以来の政治や経済分野の改革により，自由化が進み，2014年の経済成長率は約8%と経済は活況を呈しているが，金融制度が未発達であると同時に大きなインフラギャップが存在するとされる．

インフラ整備が課題であるが，ミャンマーは2015年に国家電化計画[1)]を定め，世界銀行からの援助を受けながら2030年までに100%電化を行う計画を発表した．国民の1人当り平均電力消費は約160 kWhであり，世界平均の1/20以下である．約3割の人口，とくに農村部では84%（2014年）が電力網（グリッド）による電力供給がない状態である．国のグリッドによる電力供給では，約68%が水力発電，天然ガスが29%，石炭による火力発電が約3%を占めている．一部，ディーゼルエンジンや太陽光パネル，小水力などを利用したオフグリッドの仕組みが存在するが，大半は伝統的なバイオマス発電（木片や動物の糞）を行っている．その一方，電力需要は増加し，年平均14%程度で増加を続けている．電力供給は需要に追いつかず，電力インフラの整備が喫緊の課題となっている．

ミャンマーの国家電化計画では今後16年の間に約720万世帯に新たに電線を引き2030年までに100%の電化を達成するとしており，単純に計算して，これまでの2倍ほどのペースでの電化を行うという野心的なものである．しかしながら，これまで近隣のタイ，ベトナム，ラオス，中国などでは，20年ほどで国家電化を達成しており，それを考えると実現可能性をもった計画であるとはいえるが，いずれにしても様々な難関が控えていることは間違いがない.

このような途上国における短期間での国家電化には様々な仕組みが必要となる.ここで参考になるのがルワンダの成功事例である.ルワンダは1994年の大虐殺の後,急速な経済成長を遂げ,アフリカの奇跡と呼ばれている.ルワンダの躍進には様々な要因があるが,その1つに急速な電化が達成されたことが挙げられる.国家的な電化政策が始まった2009年当時に10%程度であった電化率は2016年には25%程度まで上がっており,これが経済成長に貢献したと考えられている[2].ルワンダの成功の背景には,セクターワイドアプローチ(Sector-Wide Approach:SWAp)があるといわれる,計画からファイナンス,実行まで,ステークホルダー間のコーディネーションを行いながら進めるという方法が機能したとされる.すなわち,政府機関を含む関連諸組織が一体となり電化を進めるというアプローチであり,とくに,電化率が低い状態で機能するとされる.ミャンマーでは,エネルギーに関しては,政府内でも機能が分散している.エネルギー全般についてはエネルギー省(Ministry of Energy:MOE)が統括するが,電力開発については電力省(Ministry of Electric Power)が管轄する.電力省の中でミャンマー電力会社(Myanmar Electric Power Enterprise:MEPE)が火力発電やグリッドのオペレーションなどを行っている.電力省の下には,主に都市部への電力供給を行う,国営のヤンゴン電力供給会社(Yangon Electric Supply Corporation:YESC)とマンダレー電力供給会社(Mandalay Electricity Supply Corporation:MESC)があり,またその他の地域への電力供給を行う電力供給会社(Electricity Supply Enterprise:ESE)がある.これらの国営会社の電力供給は,中程度の電圧(Medium Voltage:MV)の配電に限定され,低圧の2次配電については民間に開放するというのが基本的な方針となっている.農村部においては家畜・漁業・地方開発省(Ministry of Livestock, Fisheries and Rural Development)がオフグリッドの電化を担当し,その中の農村開発部(Department of Rural Development:DRD)が中心となっている.このような状況において,ミャンマーでは,副大統領の下に,上級電化事務局(Executive Secretariat for Electrification:ESE)を設置し,急速な電化を達成するために分野を横断した協力体制を構築している.

電化計画は大まかにグリッドの拡張とオフグリッドの電化に分けられる.グリッドの延伸では,主に既設の中圧変電所の延伸と新たな中圧変電所の建設を行うとともに，中圧の電線，中圧と低圧の変電機および低圧電線の建設とコミュニティや家庭への接続などを行う．オフグリッドの電化では，今後すぐには電化がなされない地域に対して，他の方法での電力供給を行う．ミャンマーの国家電化計画は16年にわたる計画である．電化は既存のグリッドから近い地域にグリッドを延長していくということになるため，後期に電化が予定されている地域では長い間にわたり電力インフラがない状態が続くことになる．計画によると，2021年の時点で，約550万世帯がグリッドへのアクセスができないと推測されている．これらのうち，130万世帯はチン，カチン，ケイン，シャン，ラカイン，タニンダーリ，サガインといった州や地域の辺境にある．こうしたところでは，グリッドへのアクセスができず，また民間の電力業者にとってもコストが高く，住民の支払い能力も低いため参入が起きづらい．このような地域に対して，家庭用太陽光発電システムの設置やミニグリッド（ディーゼルなどによる小規模電力網）の設置を行うとともに，診療所や学校や他の公共施設に対して電力の供給と街路灯の設置などを行う予定である．

ミャンマーの国家電化は世界銀行の援助の下に計画されている．世界銀行はこれまで他の地域での電化援助の経験を生かして計画策定を援助している．アフリカにおけるライティング・アフリカ（Lighting Africa）プログラムやルワンダ，エチオピア，ベトナム，ラオス，バングラデシュなどでの経験から様々な教訓を得ている．例えば，

・これらの地域での経験から20年という短期間での国家電化は可能であるということ

・電化においてはグリッドとオフグリッドに関する施策を統合し，パートナーが協力体制を確立することが重要である

などの教訓があり，それらがミャンマーでの国家電化計画にも反映されている．

3.3 オフグリッドの課題

ここまでミャンマーの国家電化計画においては，グリッドとオフグリッドの双方が重要であることを見た．16年という短期間での急速な電化を達成する計画であるが，後期に電化される予定の辺境の地域では10年またはそれ以上の間電化がされないことになり，こうしたオフグリッド部分に対する対処が鍵となってくる．

また，こうした地域の一部では既にサブグリッドなどの仕組みが導入されているが，その場合でも，設備の老朽化などの問題があり，対処が必要である．また，オフグリッドには固有の状況や課題があり，それに対応した施策が必要である．それに加えて，持続可能な開発を達成するためには環境負荷の少ない施策も必要となる．本章の主題である，インフラ普及におけるソーシャルビジネスはオフグリッドにおいて大きな役割を果たす．そこで，ここではまず，オフグリッドにおいて存在する課題を説明し，その後，ソーシャルビジネスが果たす役割について分析を行う．

すぐには電化がなされない辺境の地域には固有の課題がある．すなわち，こうした地域の世帯は支払い能力が低く，また地理的にも隔離されているため，民間業者の参入が期待できない．グリッド部分では，国によるグリッド拡張と民間業者の参入という官公民連携モデルが基本となるが，オフグリッドではそれは非現実的である．また，ミャンマー政府の予算や技術，制度などのキャパシティの制約も厳しく，開発援助機関，地域政府，金融機関，民間企業，村落住民など多くのステークホルダーとのパートナーシップ形成が鍵となると考えられている．そのほか，オフグリッド部分では次のような課題があると考えられている（World Bank，2015）．

① ビジネスモデルの妥当性：農村開発部は，オフグリッド地域では，家庭用機器の無償配布とそれ以外の部分は自助努力に任せるというある種極端な施策を行ってきている．こうした「ビジネスモデル」は中長期的には持続可能ではないと考えられている．家庭用太陽光発電システムを無償で設置しているが，無償配布は各種経済的なインセンティブを喚起しにくく，また，使用者のオーナーシップも得にくい．メンテナンスについては各世帯に任されており，機器の適切な管理にも限界が見える．また，自助努力に任せる形では貧困層が取り残されるという懸念が残る．

② 制度的なキャパシティの欠如：農村開発部の電化関連のプログラムは全面的に政府予算に依存している．今後，農村開発部は電化に関して戦略策定や実施などを行っていくが，現状ではそのための能力が欠けており，キャパシティの構築が課題となる．同様に，地方政府や農村部でも電化を進めるためのキャパシティ構築が必要となる．また，ミャンマー全体にいえることであるが，金融機能が未発達であり，資金調達が大きな課題となる．他の一部の途上国と異なり，

マイクロファイナンスなどの民間の地域に根差した分権的な金融の仕組みも未発達である．こうした制度的なキャパシティの欠如を乗り越えていくことが課題となる．

③ 家庭用太陽光発電機器やミニグリッドのコストと使用者の支払い能力の乖離：辺境の農村に住む世帯の支払い能力は低く，仮にマイクロファイナンスなどの金融の仕組みがあったとしても，家庭用太陽光発電機器やミニグリッドのコストを負担できない状態である．

④ 良質な機器に関する知識不足：民間の企業や使用者，農村開発部にも良質な機器に関する知識が不足しており，良質な機器とそうでない機器との区別がつかない状態にある．

⑤ 未発達な金融システム：金融システムが未発達であることから，オフグリッド発電機器を設置する企業が資金調達を行うことが難しい状況にある．また，消費者についても金融機能が著しく未整備な状況にある．多くの場合，1 年間の固定金利で担保付きの預金などの単純な金融機能のみ存在する状況である．また，マイクロファイナンスについては，100 以上のライセンス保持者がいるものの多くは都市部近くに集中し，農村部では機能していないのが現状である．農村部では，Proximity Designs というソーラーランタンに対してマイクロファイナンスを提供する組織があるのみであり，農村部でのマイクロファイナンスの発達が待たれている．

⑥ 消費者の意識の欠如：消費者の電化計画に関する意識や情報，知識が欠如しており，それが電化を進めるうえで障害となる可能性がある．

こうした深刻な課題を抱える一方で，これまでの取組みを通じて蓄積されたキャパシティもある．農村開発部は，これまで国内に多くのスタッフを配置し，現地でのコンサルテーションなどを行い，地方政府や現地の企業などと密接な関係を築いてきた．そのため，現地に関する情報の蓄積があり，電化においてどの農村やプロジェクトを優先すべきかといったことが共有されている．また，これまでオフグリッドの地域では，家庭用の太陽光パネルや各種ミニグリッドが導入されてきたこともあり，地域によっては民間の企業群が育っている．こうした条件は，辺境のオフグリッド施策にとって有用である．

3.4 ソーシャルビジネスの役割

ミャンマーのインフラ整備，とくに国家電化計画の実行にあたり多くの課題があることがわかった．それでは，電化を達成するためにどのような戦略が考えられるだろうか．ここではソーシャルビジネスやそれを支える適正技術の役割に注目する．電化においては官公民連携が重要となる．グリッド延長に関しては，政府によるグリッド延長と民間業者の参入という形での連携のモデルが成り立つが，オフグリッドではどうだろうか．これまで見たように，辺境の農村では，民間企業が参入するインセンティブが弱いため，グリッド部分のような形での連携は難しい．しかしながら，ビジネスのもつ持続性は，電化を通じた持続可能な開発のために有効ではないかと考えられている．そこで考えられているのがソーシャルビジネスの活用である．

これまで，開発の分野において，ソーシャルビジネスや BOP ビジネスの役割が注目されてきた[3)]．ソーシャルビジネスは主に途上国の貧困層を対象に行うビジネスのことである．支払い能力が低く，1 人当りの消費額が大きくはなくとも，貧困層の人口は非常に大きく，製品やサービスの販売方法や価格づけなどを工夫することでビジネスとして成立させることができる．また，ソーシャルビジネスは現地での雇用を生み出すなど経済発展にも寄与する可能性をもっている．ソーシャルビジネスの利点は，ビジネスの手法を利用して社会的な課題を解決する可能性をもつことである．加えて，ビジネスの手法を利用することにより持続可能性を付与することができる．開発援助の補助金などは多くの場合期限があり，補助期間の終了後に持続可能性をもたせることは一般に難しい．ソーシャルビジネスは社会的課題への対処と事業性の両立という困難があるが，一度仕組みが成立すると持続可能性をもつという利点がある．また，ビジネスはステークホルダーのインセンティブを喚起し，自助努力を促すという利点もある．

ミャンマーの電化計画のオフグリッド部分ではこうしたソーシャルビジネスの利点に注目している．既存の民間企業の参入を見込むことは難しいが，ソーシャルビジネスの導入により課題への対処ができるのではないかと考えられている．具体的には，オフグリッドでの家庭用発電装置やミニグリッドの導入が考えられている．ミャンマーでは既に，オフグリッド地域ではディーゼル，小水力，太陽光，バイオマス，風力などによるミニグリッドが導入されている．こうしたミニグリッドは再生可能エネルギーを利用した持続可能な電力供給の仕組みでもあり注目されている．適正技術を用いたソーシャルビジネスを導入することができれば，これまで政府主導で行ってきたオフグリッド部分の施策にビジネスの要素が加わる．また，同時に現地に根差した技術の導入を行い，現地経済の発展を促すことも期待できる．ソーシャルビジネスの発展は，マイクロファイナンスなどの金融システムの発展を促す契機となる可能性を秘めている．このようにソーシャルビジネスはオフグリッド部分が抱える課題に対処する可能性をもっていると考えられている．

ここで重要になるのがビジネスモデルである．すなわち，ソーシャルビジネスとして成り立たせるためのビジネスの仕組みをつくることが鍵となる．適正技術は現地に根差しているがゆえに持続可能性をもつ．しかし，同時に適正技術を用いたビジネスを成り立たせるためには現地の事情に合わせたビジネスモデルをつくりあげていく必要がある．ミャンマーにおけるソーシャルビジネスはまだ端緒についたところであり，今後ビジネスモデルを発展させていくことが重要である[4]．

3.5　ミャンマー・マグウェ地区における事例

ここでは，筆者が現在，ミャンマーの中央乾燥地域であるマグウェにて行っているソーシャルビジネスのプロジェクトを事例にして，ビジネスモデルの重要性を見ていきたい．このプロジェクトでは，マグウェ地区のインフラが整備されない農村で電力や水のインフラを整備しようとしている．こうした農村は乾燥地域にあり，オフグリッド地域にあたる．電力供給に加えて，水供給も課題である．深度 200 m から 300 m ほどの深井戸を掘ることにより安全な飲料水を得ることができるが，そのためには，相応の費用と掘削のための大型の機械が必要となる．現地の NGO などが，現地の住民主体の深井戸建設を行っている．しかしながら，現状では資金面では，国際機関などからの資金援助に依存している状態である．そこで，開発の速度を上げ，持続可能な開発を実現するために，このプロジェクトでは次のような形でソーシャルビジネスを導入しようとしている．

① リボルビングファンドの設立：現在，農村開発部と協議し，農村に対して貸付

けを行うファンドの創設を検討している．農村に対して貸付けを行い，利子とともに返済を求める仕組みである．金融システムが脆弱なミャンマーにおいてはこうした金融の仕組みができることでソーシャルビジネスが行いやすくなる．

② 大型太陽光パネルによるミニグリッドの設置：深井戸を設置した農村では，揚水が必要である．従来は，ディーゼルエンジンを利用する場合がほとんどであったが，これを大型太陽光パネルに置き換える．大型太陽光パネルの電力により揚水を行い，安全な水供給を行う．水は課金し農村の収入源とする．また，現在ミャンマーでは民間の電力取引に関する法制定を進めているところであり，実験的に限定された地域での実験にはなるが，揚水時以外につくりだされる電力を農村内外で販売する，すなわち，大型太陽光パネルを特殊なミニグリッドとしても機能させることにより農村の収入源とすることができる（図3.1）．

こうした仕組みを成り立たせるためには，農村に設置される水や電気の管理委員会が機能する必要があるし，地域内通貨のようなビジネスの仕組みが有効であるかもしれない（図3.2）．

このモデルは未だ実験中であるが，もしうまく機能すれば，オフグリッド地域の農村において電力供給と水供給が達成されるだけではなく農村は追加的な収入を得ることができる．その収入により，リボルビングファンドによる融資を返済できれば，他の農村でも同様にミニグリッドと深井戸を建設できる可能性が生じる．このモデルはうまく機能した場合，持続可能な開発に寄与することになる．

ミャンマーの辺境の農村部の現状を考えると，多くの課題があり，既存の手法

図3.1　大型太陽光パネル（筆者撮影）

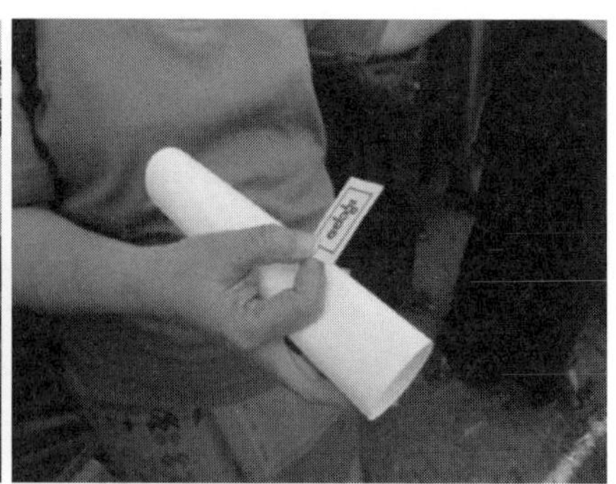

図3.2　地域通貨

には限界がある．ここで紹介した事例でも，これまでミニグリッドの部分的な導入はなされていたが，それには限界があった．しかし，リボルビングファンドなどの金融の仕組みや太陽光パネルなどの適正技術を導入し，農村にいる人々を対象にしたソーシャルビジネスを展開することでこれまでにないような形でのインフラ普及と持続可能な開発の可能性を見出すことができる．

ミャンマーにおけるインフラ普及，とくに国家電化におけるソーシャルビジネスの導入は始まったばかりでまだ実験段階であり，その有効性は未知であるが，今後の持続可能な開発における新たな可能性として注目したい．

注と参考文献

1) ミャンマーの国家電化計画については World Bank（2015）に詳しい．本章の同計画についての記述の多くは World Bank（2015）に基づいている．
2) ルワンダの電化やその影響については，Baringanaire, Malik & Bancrjce（2014），Bensch, Kluve & Peters（2011）などを参照せよ．
3) ソーシャルビジネスまたは BOP ビジネスについては，例えば，菅原秀幸，大野 泉，槌屋詩野（2011），野村総合研究所（2010），C.K. プラハラード（2010）などを参照されたい．
4) Pode, Pode & Diouf（2016）もミャンマーの電化におけるビジネスモデルや適正技術の重要性を指摘している．

・外務省：2015 年版開発協力白書，2015
・Paul Baringanire, Kabir Malik & Sudeshna Ghosh Banerjee："Scaling Up Access to Electricity：The Case of Rwanda", World Bank Group Live Wire, 2014
・Gunther Bensch, Jochen Kluve & Jörg Peters：Impacts of Rural Electrification in Rwanda, The Institute for the Study of Labor Discussion, Paper No.6195, 2011
・Ramchandran Pode, Gayatri Pode & Boucar Diouf：Solution to sustainable rural electrification in Myanmar, *Renewable and Sustainable Energy Reviews*, **59**, 107-118, 2016
・World Bank：Myanmar-National Electrification Project, Report No. PAD1410, 2015
・菅原秀幸，大野　泉，槌屋詩野：BOP ビジネス入門，中央経済社，2011
・野村総合研究所：BoP ビジネス戦略，東洋経済新報社，2010
・C.K. プラハラード：ネクスト・マーケット［増補改訂版］，英治出版，2010

コラム1. ミャンマーのインフラ普及に向けたNGO活動

1995年まだミャンマーが軍事政権だった頃，筆者が所属する特定非営利活動法人ブリッジ エーシア ジャパン（以下，BAJ）は，インフラの開発がひどく遅れている辺境の人々のためにミャンマー国内から支援活動をすることに決めた．

BAJでは，地域住民参加型でコミュニティインフラの整備を進め，それを通じて若者や女性を含めた村人対象に技術研修を実施してきた．

「水は金より重い」という格言がある中央乾燥地域の年間雨量は，700 mmと少なく，慢性的な水不足に直面していた．軍事政権の影響で井戸を掘る機材老朽化や高度な技術をもつ人材の不足などの問題があった．1999年，BAJでは開発局（現在の村落開発局）と覚書を結び中央乾燥地域で深井戸建設をはじめとする村落給水事業を開始した．BAJでは，中央乾燥地域でこれまでに125本の深井戸を掘り，500回以上の既存井戸の修繕を行って地域住民の生活基盤の整備に貢献してきた．

学生運動が暴徒化し軍事で制圧された後，海外援助が凍結されるが，その前の1980年代には3,000本以上の深井戸が供与された．その井戸の寿命は，正しく維持管理されて20～30年といわれていた．現に2000年頃からBAJ事務所に既存井戸の修繕依頼が次々と舞い込むようになった．中央乾燥地域には，16,000か村以上があり1か村1井戸を目指し村落開発局がJICA，BAJ，その他のパートナーらと給水事業を進めてきて90%の目標達成が報告されている．まだ，1,700か村には井戸が必要な状況である．さらに，既

表A 2015年までのBAJの活動成果

［整備した基礎インフラ］

深井戸（中央乾燥地域）	125本
既存井戸修繕（中央乾燥地域）	524回
井戸，その他給水施設	403か所
橋・カルバート	274本
シェルター	475棟
小学校建設・修繕	159校

［技術・技能研修］

エンジン・ポンプ修理，水委員会運営研修　参加者	1,301人
技術訓練学校　卒業生	595人
建設技術　研修　参加者	155人
単気筒エンジン修理，自動車整備関連　研修　参加者	782人
バイク修理・ガス溶接　研修　参加者	68人
女性対象技能訓練　参加者	2,381人

存の井戸も毎年5%程度は，何らかの修理が必要だと報告されている．

BAJでは，新規井戸の建設，既存井戸の修繕，長期的な維持管理のための研修の3本を活動の柱に置き，常に地域住民と現地スタッフを中心に活動を進めてきた．

民主化した現在，各国からの支援や投資が盛んに行われている．中央乾燥地域にも日本政府から給水設備整備のための機材18億円相当が供与された．現在，BAJの元スタッフたちは，8人以上がそれぞれ独立起業し井戸掘削や修繕などこの地域の給水施設の維持管理に関わっている．

BAJでは，今後，この地域の給水施設を守っていくのは村人たちだと考え，積極的に技術研修を実施してきた．村人10人が高度な技術を習得し「金のトライアングル（由来：井戸修繕作業には三脚が必要なことから）」という名前で現地での井戸修繕のニーズに貢献している．現役BAJの修繕チームも村や地方行政の要請を受け，給水施設に関わる支援をしている．2015年の1年間で169本の井戸修繕を行った．2日に1本の井戸を修理するほど現地では存在感が大きい．

BAJでは，これまで一緒に活動してきた青年，村人たち，村落開発局が持続可能な体制でこの地域の給水施設を維持管理していける時期にきていると考えている．現役BAJ修繕チームはBAJを卒業し独立の準備を始めている．持続可能な給水施設にしていくためには，資金・技術・維持管理能力が必要とされ，この3つを村落開発局とBAJのOBを含む現地の業者，村落住民がいかに役割分担していくかが鍵である．

独立しようとするスタッフたちは，技術的には十分，自信をもっているようである．これまで現地で指導にあたった日本人専門家の技術指導が実を結んだといえよう．また，スタッフらが様々な給水施設に関わるトラブルを解消してきた経験に裏付けられた自信ともいえよう．あとは十分な機材がもてるか，経営ができるかという点に不安が残る．BAJでは，今後，徐々に彼らの独立を後押ししていく．村人である彼らが村人たちのために，地域の持続可能な給水施設を見守る重要な役割を果たしていくと期待したい．

4. 都市化とSDGs
—都市化の肯定的利用手段としての建築物—

4.1 都市化とその対応

4.1.1 さらに都市化する世界

全世界で都市部に住む人口の割合は，2014年時点で約54%およそ39億人であるが，2050年には約66%に達すると国連により推定されている．このうち約90%がアジアおよびアフリカ地域の開発途上国に集中すると見られる．世界は都市化が進んでいる（図4.1，UN DESA, 2014）．

都市化とは，農村部から都市部へ人口が流入し都市部に住む人口が増加することで，人口動態，経済および地形の物理的変化などを含む複数の側面において同時に遷移や変化が起こる過程のことである（UN, 2014）．さらにこれらの各側面が，都市化に関する様々な指標と定義を有しており，それらは国によって異なる．

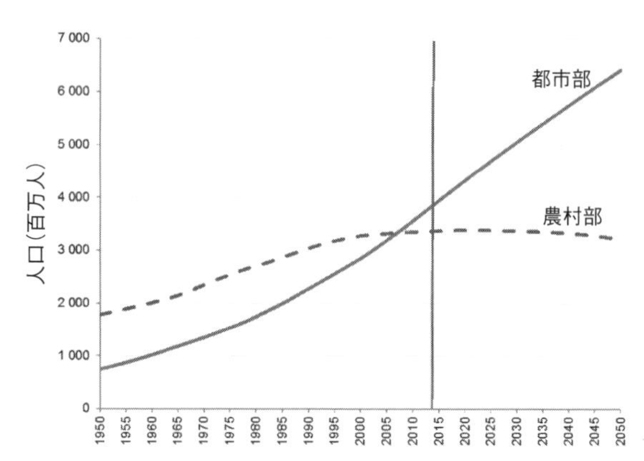

図4.1 世界の都市部人口および農村部人口の推移（1950～2050）（出典：World Urbanization Prospects（UN DESA, 2014））

そのため，世界共通の都市化の統一的な定義はない．

各国は，独自の都市化の定義を有しており，それらは人口規模，人口密度のほか，非農業人口率・電化率・水道普及率などの基準の組合せであることが多い．各項目の定義に関係なく，都市部は農村部より質の高い生活を提供するということが前提にある．

2014年に発表された「国連都市化予測」によると，世界における人口1,000万人以上の巨大都市は，1990年には10都市あり合計約1億5,300万人の人口を擁していたが，2014年には28都市で約4億5,300万人，2030年には41都市で約7億2,900万人に増えると推計されている（UN DESA, 2014）．2030年時点では，東京圏が約3,800万人で2014年時点と同じく世界最大の人口を有すると予測されており，デリーの約2,500万人，上海の約2,300万人が続く（UN DESA, 2014）．人口は，都市部においては増え，農村部においては減少し，都市の数自体も増えていくことが，世界的な傾向である．

問題となるのは都市化そのものではなく，都市化による人々のライフスタイルの変化，都市の人口密度と空間的構成の変化である．都市化の進展は高い経済成長を意味し，今後都市化が主に進む開発途上国を中心に住宅や商業ビルが不足し，建築物の建設需要が高まる．インフラ整備が進むと，かつては農村部であった地域に電気，ガスが普及することに伴い電化製品等の所有率が上昇し，さらにエネルギーや水を含む天然資源消費量が増える．このような流れの中，都市の基盤整備や公共サービスへの投資が都市化のスピードに追いつかず，安全面や健康面の課題がさらに増加するといった悪循環に陥る可能性が高い．この悪循環を断ち切る方策は様々な側面から採りうるが，本章では重要な都市の構成要素であり人間のあらゆる活動の基本となる建築物の視点から，これからの都市について考える．

4.1.2　都市問題の解決とSDGs

都市化の進展は，持続可能な開発に対する大きな課題の1つとして認識されており，2030アジェンダで設定された持続可能な開発目標（SDGs）の11番目の目標（ゴール）として，「包摂的で安全かつ強靭（レジリエント）で持続可能な都市および人間居住を実現する」ことが掲げられている（第1章参照）．この目標には次に示す10のターゲットが設けられている（「2030アジェンダとは」2015，外務省仮訳）．

1. 2030 年までに，すべての人々の，適切，安全かつ安価な住宅および基本的サービスへのアクセスを確保し，スラムを改善する.
2. 2030 年までに，脆弱な立場にある人々，女性，子ども，障害者および高齢者のニーズに特に配慮し，公共交通機関の拡大などを通じた交通の安全性改善により，すべての人々に，安全かつ安価で容易に利用できる持続可能な輸送システムへのアクセスを提供する.
3. 2030 年までに，包摂的かつ持続可能な都市化を促進し，すべての国々の参加型，包摂的かつ持続可能な人間居住計画・管理の能力を強化する.
4. 世界の文化遺産および自然遺産の保護・保全の努力を強化する.
5. 2030 年までに，貧困層および脆弱な立場にある人々の保護に焦点をあてながら，水関連災害などの災害による死者や被災者数を大幅に削減し，世界の国内総生産比で直接的経済損失を大幅に減らす.
6. 2030 年までに，大気の質，および一般並びにその他の廃棄物の管理に特別な注意を払うことによるものを含め，都市の 1 人当りの環境上の悪影響を軽減する.
7. 2030 年までに，女性，子ども，高齢者および障害者を含め，人々に安全で包摂的かつ利用が容易な緑地や公共スペースの普遍的アクセスを提供する.
8. 各国・地域規模の開発計画の強化を通じて，経済，社会，環境面における都市部，都市周辺部および農村部間の良好なつながりを支援する.
9. 2020 年までに，包含，資源効率，気候変動の緩和と適応，災害に対する強靱さ（レジリエンス）を目指す総合的政策および計画を導入・実施した都市および人間居住地の件数を大幅に増加させ，仙台防災枠組 2015-2030 に沿って，あらゆるレベルでの総合的な災害リスク管理の策定と実施を行う.
10. 財政的および技術的な支援などを通じて，後発開発途上国における現地の資材を用いた，持続可能かつ強靱（レジリエント）な建造物の整備を支援する.

4.2 都市と建築物

4.2.1 建築物が具備すべき基本的要件

都市化において重要な最終局面の 1 つは，都市の発展と人々の健全で快適な社会的・経済的活動の維持である．人々の日常生活の基本であると同時に，住宅,教育，医療福祉，職場，産業，公共サービス，インフラ，情報といった一国の発展に関わる社会・経済活動のすべての側面に関係する建築物の果たす役割は大きい．現在先進国において，人々は人生の約90%を何らかの建築物の中で過ごす．開発途上国において都市化が進み人々のライフスタイルが変化し，都市に住む人口が増えれば，建築物の形態や内容によって影響を受ける人々の割合はさらに増える．直接的，間接的に人々の健康や生活の質に影響する建築物の要素として，次のものがある．

1. 安全な敷地（土砂崩れ・洪水などの自然災害多発地，急傾斜地，などを避けた敷地）
2. 建築物の構造（外的自然要因（暑さ，寒さ，風雨，ほこり，騒音，害獣虫）や地震などの自然災害から利用者を保護する機能）
3. 質・量ともに十分な給排水設備
4. 汚物や廃棄物と建築物利用者との接触を遮断する適切な衛生設備
5. 室内空気汚染環境（料理・暖房用燃料燃焼や揮発性有機溶剤を含む建材の排除，適切な換気設備の設置など）
6. 有害化学物質などの適切な貯蔵，設備類の衛生・安全性の確保
7. 1人当りの占有面積（過密状態での利用による感染症の蔓延，事故の発生など）

4.2.2 開発途上国における建築物の問題

開発途上国の建築物は，立地や構造についての規制や基準が不十分で，先進国では当たり前に整備される衛生面，安全面の最低限の基準を満たしていないものが大半を占めているのが現状である．建築物そのものとその周辺環境を含めた質の向上は，利用者の精神社会的な満足感を高めることにつながる．しかし，人々の安全を確保するという建築物に求められる物理的側面すら満足できず，生活や職場に対する安心感や満足感を与えるという社会的側面への貢献にはほど遠い．

建築物の不備により適切な居住環境が確保されていないことに起因する影響は大きい．例えば，敷地の安全性に問題のある建築物の場合，病原媒介生物の餌場や繁殖地となる環境が建築物周辺にあることにより，建築物利用者への感染の危険が高まる．また，洪水被害をまともに受ける土地に建つ衛生設備の不十分な建築物では，洪水で便所が溢れた場合に，深刻な健康被害が発生しうる．

建築物の構造上の欠陥は，火災，建築物崩壊，不適切な配線による感電死など

につながる恐れがある．途上国の都市では，木材やわら，プラスチックなどの可燃性材料で整備された建築物の中で，料理用にはむき出しの火や持ち運び可能なコンロが，照明用にはろうそくや灯油ランプが使用されるなど，火災の危険性がきわめて高い状態が多く見られる．1人当りの専有面積が低い過密状態での居住環境は，結核，インフルエンザなどの感染症の疾病を蔓延させることにもなりうる．

このような建築物の安全性の欠如や衛生問題，建築物の周辺環境の粗悪さは人々の健康面のみならず，精神面にも悪影響を与え精神病や社会的問題も誘引し，地域の不活性化などの負のサイクルの一因となると考えられる．

4.2.3　先進国においても存在する建築物の課題

先進国における建築物は，衛生・安全基準を満たす合法的な制度に則って建てられている．都市部の過密地域やスラム街などの一部の地域で劣悪な環境が深刻な問題として未解決のままであるが，規制が施行される限り人々の社会的・経済的活動や肉体的・精神的健康面を大きく阻害するような建築物が整備されることは少ない．

基本的基準を満たした後の比較的新しい課題としては，アスベストや鉛，揮発性有機化合物などの健康に害を及ぼす可能性のある建築材料や，家具，室内装飾品などがある．また，一部の地質から自然に発生する放射性ガスであるラドンによる室内空気汚染に起因する健康被害等が認識されている．これらについても，健康被害の社会的認知度の高まりや訴訟などを契機に，各国で法整備などが進んできている．

しかし，法規制は現時点で許容できる1つの限界を示したもので，快適な居住環境や都市環境の実現のためには，さらに積極的な工夫が必要である．例えば，建築部門は，全産業部門（エネルギー供給，運輸，工業，農業，林業，廃棄物）の中で最大のエネルギー起源温室効果ガス排出源および天然資源消費部門であり，建築物部門に対する地球温暖化対策が最も費用対効果が高いことが分析されており，建築物の社会的責任が指摘されている（UN，2007）．建築物の社会や環境に与える責任が解決されるべき課題として認識され，様々な新しい取組みが始まっている．

4.3　都市問題解決策としての建築物

4.3.1　先進国における建築物の新しい取組み

現在，先進国においては社会的・環境的責任についての様々な取組みがなされた建築物の整備が普及し始めている．このような建築物は，グリーンビルディング，サステナブルビルディング，高性能建築物，環境配慮型不動産などと呼ばれ統一された名称や定義はないが，ここでは，グリーンビルディングの名称を用いる．

グリーンビルディングの取組みの要素を系統的に分類し，それら要素に対する達成度を第三者が客観的に評価し，達成度に応じてグリーンビルディングを格付けし，認証を与えるという取組みが1990年頃から欧米を中心に始まり世界に広がっている（村上，2009-2010）．グリーンビルディングの認証を取得した建物は，利用者の快適性や周辺環境の向上のみならず，税制優遇等の公的な補助や，環境，社会，ガバナンスを重要視する投資家へのアピールや資金投入の機会の取得といった利点がある．

4.3.2　建築物を評価する基準

グリーンビルディングを評価する基準は，その国の法規制や気候，慣習などを取り入れ整備されているため細かな評価項目は各国で異なるが，大まかな評価カテゴリーは共通している．例えば，英国の評価基準は，次の9つのカテゴリー：(1) 管理，(2) 健康と快適性，(3) エネルギー，(4) 交通，(5) 水，(6) 材料，(7) 廃棄物，(8) 土地利用と生態系，(9) 汚染，から構成される（BRE，2016）．各カテゴリーには下記のような評価基準がある．

「管理」のカテゴリーは，建築物の設計・建設・試験運転などの段階における社会的・環境的課題への取組みを徹底し，建築物完成後の持続可能な建築物の運用を促すものである．設計や建設段階においては，違法伐採木材を利用しない設計や建材等の調達，建築物に起因する健康リスクを最小限に抑え安全性を確保する設計，建設段階においては，建設労働者の健康と安全性に配慮することなどが評価される．

「健康と快適性」においては，建築物の利用者や近隣住民等の快適性，健康と安全性を高めることを目的としている．建築物の整備される地域の気候を配慮した換気施設の導入による室内空気環境の最適化や，快適な室内温度環境や防音性への配慮などによって，建築物の省エネ化を図ると同時に利用者の健康を阻害しない快適な空間を整備することにつながる．

「エネルギー」のカテゴリーは，エネルギー効率の優れた建築物の設計，建築物における持続可能なエネルギーの使用を可能とするシステムと設備の導入を目的とする．エネルギー効率の向上や二酸化炭素排出量の削減などが評価される．

「交通」は，建築物利用者への環境に配慮した交通手段へのアクセスを促すことを目的としている．公共交通機関の利用可能性や，自転車などの代替交通手段，利用者への施設の整備などを評価し，建築物のライフサイクル全体での二酸化炭素排出量削減などを目指す．

「水」のカテゴリーは，建築物とその敷地における環境に配慮した水利用を促進するためのもので，建築物のライフサイクルを通しての水道量の削減手段等について評価するものである．

「材料」は，建築物の設計，建設，維持管理，改修段階における建材からの影響を削減することを目標としている．信用できる入手先からの建材の調達，建材のライフサイクル全体における建築物への影響の最小限化（地元建材を用いることによる輸送時の二酸化炭素排出量の低減を含む）などが評価対象である．

「廃棄物」のカテゴリーは，建築物の建設時と運用時の廃棄物の管理に関するものである．最適な設計と建設施工によって，施工段階と運用段階における建築物からの廃棄物排出量を最小限に抑えることによって埋立て処分といった最終処分に回される廃棄物を削減するための取組みなどを評価する．

「土地利用と生態系」は，持続可能な土地利用，建築物の敷地およびその周辺の長期的な生物多様性のための生息地の保護育成および改善を促すことを目的としている．ブラウンフィールドと呼ばれる土壌汚染サイトの再利用や，生態学的に価値の低い土地の利用，生態学的および長期的生物多様性管理の増進などへの取組みが評価される．

最後に「汚染」のカテゴリーは，建築物の整備と利用によって生じる表層水の流出や汚染物質を管理し防ぐための取組みを評価するものである．建築物によって周辺のコミュニティや環境に影響を与える光害や騒音，表層水流出，大気，土地，水への有害物質の放出などが評価される．

4.4 新しい建築物の取組みとSDGs

4.4.1 開発途上国におけるSDGs実施手段としての建築物

基本的な人間活動に必要なインフラ整備や公共サービスを提供する政府機関等の公的な施行能力を凌ぐ勢いで都市化が進むこれからの世界において，市場からの資金調達の有力な手段の1つであり，民間主導でも進められるグリーンビルディングの取組みは，開発途上国においてSDGsを達成するための実施手段の1つとして有効である．都市化そのものは，都市部への人口集中による公共サービス等への集中投資や，スケールによる効率的な投資効果がもたらされるといったより生産的な経済発展の機会ともいえる．グリーンビルディングを効率的に活用した戦略的，長期的な都市の開発は，発展途上国において政府からの初期投資額を抑えた安全で快適な都市の発展が期待できる．

さらに，設計・建設・運用・改修といった建築物のライフサイクルの中で，グリーンビルディングへの取組みはより早い段階のほうが経済的である．既存の建築物と，これから建設される新築の建築物とでは，新築建築物の方がより経済的に環境・社会問題への課題に対処できる．例えば，断熱性の高い外皮，エネルギー効率の高い設備などは，新築段階から導入した方が，既存建築物を改修するよりも経済的で，高い効果が望める．建設サイトの選定においても，ブラウンフィールドサイトの再利用や，舗装や建築物本体に起因する表層水流出による水害発生を抑制する対策といった，周辺環境への配慮も取り入れることができる．つまり，これから新築建築物が大量に建設される開発途上国は，建築物が果たすべき環境的・社会的責任に対する取組みを効率的に実践できる可能性をもっている．

グリーンビルディングを普及させるには，政府からの補助金や税制優遇措置も必要であるが，建築物の社会的・環境的責任が市場価格に影響を与える要素として広く認識され，民間資金が投入されることが不可欠である．今後，新築建築物の建設需要が高まる開発途上国において，機関投資家や企業からの資金を調達可能にするグリーンビルディングの普及は，建築物と周辺環境の質を高めるのみならず，発展途上国の開発をより効率的に持続可能に推進するために有用である．

4.4.2　成功事例と開発途上国における可能性

グリーンビルディングは SDGs のために開発された手法ではないが，その取組み成果の多くは SDGs の目標に合致する．英国におけるある再開発プロジェクトは，土壌汚染跡地である 1950 年代に閉鎖された機関車工場跡地を再利用して，共同住宅，オフィス，商業施設などを備えた複合施設として 2010 年に完成した．グリーンビルディング認証を取得した住宅を手頃な価格で提供していること，行政からの補助金にほとんど頼らない再開発であったこと，通常の物件よりも高い利益率を挙げていることなどで注目されている（Bio Regional Development Group, 2014）．

このプロジェクトにおいて取り組まれた建築物の社会的・環境的責任と SDGs のターゲットとの関連は多い．例えば，ブラウンフィールド跡地の中心市街地再開発によって，有害物質を適切に処理した上に，手つかずの自然を破壊することなく保全するとともに，スラム化する恐れのあった地域を改善し持続可能な都市化を実現することができる．また，土壌汚染物質の処理は，都市の 1 人当りの環境上の悪影響を軽減し，都市部，都市周辺地域および農村部間の良好なつながり等の達成手段となる．

さらに，グリーンビルディングの評価基準は，その国の気候や風習，伝統建築様式などを取り込んで整備される．建築物は本来その土地の材料を利用し，自然環境を活かして冷暖房に要するエネルギーを抑え快適な空間を作り出す工夫がなされている（UNEP, 2012）．例えば，インドの伝統的な建築手法では暖冷気の物理的性質を利用し，建物全体の温度を調整し，利用者が快適と感じる空間を作り出す伝統的な自然換気システムがある（UNEP, 2010）．このような伝統的な手法も適切に評価し，建築物の質を高め利用者のみならず周辺環境への配慮が期待できる．

グリーンビルディングとは，先進国の技術を画一的に普及させるのではなく，その国独自の建築文化を活かした取組みが期待できる仕組みでもある．建築物の基本的な安全面，健康面の基準すら満たしていない開発途上国においては高すぎる目標と映るかもしれないが，開発途上国が，先進国の経験や技術の恩恵を受けて一足飛びにレベルを上げることのできるリープフロッグ効果として，先進国がグリーンビルディング普及の過程において得た知見やソフト，ハード，組織面の工夫を，グリーンビルディング導入のより高い効果が望める開発途上国に伝えることは，都市化の進む世界における開発途上国と先進国の共生に不可欠である．

注と参考文献

1) Bio Regional Development Group：One Brighton Impact Report 2007-2014, 2014
2) BRE：BREEAM International New Construction 2016：Technical Manual SD233 1.0, 2016
3) 外務省：持続可能な開発のための 2030 アジェンダ，2015
2030 アジェンダとは（仮訳）
http://www.mofa.go.jp/mofaj/gaiko/oda/about/doukou/page23_000779.html
(accessed on 3 Dec. 2016)
4) 村上淑子：グリーンビルディング一問一答，日経 BP，2009-2010
5) UN：Intergovernmental Panel on Climate Change：Fourth Assessment Report：Climate Change 2007, 2007
http://www.ipcc.ch/publications_and_data/publications_ipcc_fourth_assessment_report_synthesis_report.htm (accessed on 3, Dec., 2016)
6) UN：Climate Change 2014：Mitigation of Climate Change：Working Group Ⅲ Contribution to the Fifth Assessment Report of the Intergovernmental Panel on Climate Change, 2014
7) UN DESA：World Urbanization Prospects, 2014
https://esa.un.org/unpd/wup/CD-ROM/ (accessed on 3, Dec., 2016)
8) UNEP：The 'State of Play' of Sustainable Building in India, 2010
http://staging. unep. arg/sbci/pdfs/State of Play India, pdf (accessed on 3 Dec. 2016)
9) UNEP：TNA Guidebook Series, Technologies for Climate Change Mitigation ― Building Sector ―, 2012

コラム 2.　フォーマル化しつつあるインフォーマル交通

多くの途上国では，小サイズの車両による都市内の旅客輸送サービスが供給されている．使用される車両は様々で，無動力の人力車や，座席を取り付けた改造自転車から，オートバイの後部に客を乗せるものや三輪型の小型バイク / 自動車（例：タイのトゥクトゥク），荷台を改造した小型トラック，中古車両の部品を用いて新たに組み立てたもの（例：フィリピンのジープニー）やワゴン車（ミニバスともいう）によるものなど，挙げていけばきりがない．

この種の小サイズ車両による公共交通機関を「パラトランジット」という．途上国では，こうしたパラトランジットの多くが自然発生的に生まれ，法令や各種制度による位置づけのないインフォーマル性の高いサービスとして供給されてきた．

これらの「インフォーマル交通」の多くは，途上国の住民にとっては欠くことはできない重要な公共交通として定着している．一方でこれらの交通は，車両の性能やメンテナンス水準が低い場合が多く，またとくに旅客需要の高い都市中心部などにはこの種の車両が集中し，さらに路上での客待ち駐停車も多いことから，大気汚染や交通混雑の直接的な原因ともなっている．利用者にとっての安全性や快適性にも問題は多く，運賃の不透明さやルート等のわかりにくさへの不満も高い．

このような背景から，途上国のパラトランジットは，新たなものが登場するたびにいわば後づけで制度的に位置づけられ，規制や抑制の対象にもなってきた．一般的に行われている規制として，特定の地区への乗入れや客待ちの禁止，個々の事業者や事業者組合の届出・登録制度，「路線固定型」の場合はルートの届出，行政による運賃の規制，使用車両の規制などがある．このような行政の規制がない場合には事業者組合等がルール（とくに参入のルール）を定めているケースは多く，そのため業界がマフィア的な組織になることもある．また，会社（オーナー）と運転手等との雇用形態は様々で，「契約」に基づいた場合でも固定給制はきわめて少なく「出来高」に強く依存する歩合制給与や，オーナーに一定の固定費用を運転手等が支払う形態（運賃収入からこれを引いた額が手取りとなる）も多い．勤務時間が決まっていない場合や，実際に指定されたルートを運転手が運行しなくても会社（オーナー）は把握していない / できないことも多い．このように制度上の位置づけやビジネスとしてのインフォーマル性の度合いは，それぞれの国や地域で様々である．

都市交通計画の観点からは，パラトランジットを「いずれはなくすべきだが，現実には需要が高いため，当面の存続を前提として現状の問題の緩和のために行う施策」として，パラトランジットのフォーマル化を進めてきた．しかし都市交通計画の考え方の「潮流」は変化しつつあり，フォーマルな公共交通（バスや鉄道）による交通システムの中にパラトランジットを積極的に位置づけていくべき，と捉えられつつあり，必ずしもパラトランジットが「都市の厄介者」という存在ではなくなっている．

例えばフィリピンのジープニーは，路上や広場で乗降することが多く，交通混雑の元凶となるだけでなく利用者にとってもわかりにくかったが，近年では大型のショッピングモールが独自に敷地内にジープニーやミニバスのターミナルを設置することが増え，その設備も屋根や案内板付の快適でわかりやすいものに改善されつつある．ショッピングモール側は，モールへの来訪客確保の重要な手段としてターミナル整備を位置づけている．また，タイの地方都市コンケンで路線バスの代わりを務めている改造トラック「ソンテオ」は，路線ごとに番号が振られ，車両の色も決められて，わかりやすさが増した．

さらに近年は，「配車アプリ」と呼ばれる乗客とドライバーとの仲介サービスがパラトランジットサービスでも開始され，いくつかの国では急速に普及しつつある．例えば，バイクの後部座席に旅客を乗せる「バイクタクシー」は，もともとは市場や交差点などで客待ちをして料金交渉により乗車するものだった．これが「配車アプリ」を使えば，乗車希望場所まで配車してもらうことができ料金も予約時に自動的に決定される．客待ちの必要がないため，割安な料金でもドライバーの収入は上がるとされる．バイクタクシーは，多くの国で制度上は位置づけられておらず輸送の質の担保がなかったものが，民間事業者による配車アプリの登場でそれが可能となった．日本では，配車アプリがいわゆる「白タク」の解禁となるという負の側面が注目されるが，途上国では逆に，配車アプリが輸送の質の向上と運賃の下落，運転手の収入増につながるケースが出てきている．

5. 環境分野でのSDGsの達成に向けた国際貢献

本章では，まずMDGsの環境分野の項目についての達成状況について概観するとともに，SDGsにおいて環境分野の目標がどのように変わってきたのか，それに伴い，国際貢献のあり方がどのように変わっていくのかを論じる．さらに，新しい国際貢献のあり方を支援していくであろうアプローチをいくつか紹介する．

5.1 環境分野でのMDGsの達成状況と課題

5.1.1 MDGsにおける環境の取扱い

MDGsでは7つ目のゴールとして「環境の持続可能性確保（Ensure Environmental Sustainability）が設定され，その中で以下に示す4つのターゲットが設けられた．

① ターゲット7.A：持続可能な開発の原則を国家政策およびプログラムに反映させ，環境資源の損失を減少させる．

② ターゲット7.B：生物多様性の損失を2010年までに確実に減少させ，その後も継続的に減少させ続ける．

③ ターゲット7.C：2015年までに，安全な飲料水および衛生施設を継続的に利用できない人々の割合を半減する．

④ ターゲット7.D：2020年までに，少なくとも1億人のスラム居住者の生活を改善する．

以下，United Nations（2015）をもとにこれらのターゲットの達成状況についてまとめていく．

5.1.2 環境資源の損失は緩和できたか

ターゲット7.Aについては，環境資源の損失を測る指標として，森林面積，二酸化炭素排出量，オゾン層破壊物質の消費量，安全な生態系限界内での水産資源の割合，再生可能水資源量に対する取水率が取り上げられた．

森林面積については，世界全体では 1990 年代には年間 8.3 万 km^2 の森林が世界中で失われていたが，2000 年代にはその減少速度は年間約 5.2 万 km^2 と小さくなり改善傾向にある．しかし，地域ごとに見ると中国のように大規模な植林により森林面積を増加させている地域がある一方で，南アメリカやアフリカなどの熱帯地域を中心に依然大きく減少している地域もある．

気候変動の主要因といわれる二酸化炭素の排出については，1990 年から 2012 年にかけて世界全体で約 50%増加した（図 5.1）が，とくに 2000 年以降途上国において急激に排出量が増加している．一方で 1 人当りの排出量では，2012 年において先進国では年間約 10 トンであるのに対し，途上国では約 3 トンと依然低い状況にある．

オゾン層破壊物質については，1987 年に採択されたモントリオール議定書に基づいて国際的な努力がなされてきており，図 5.2 に示すようにオゾン層破壊物質の使用量は先進国，途上国ともに着実に減少しており，今世紀中頃にはオゾン層が回復すると予想されている．

水産資源の状況については，世界的には 1970 年以降漁獲高が急速に増え，それ

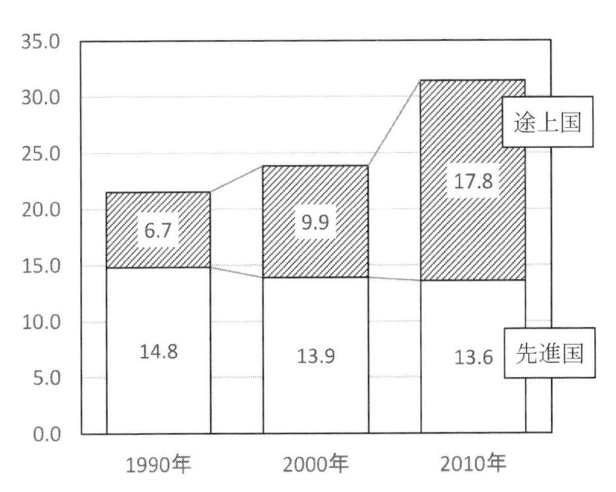

図 5.1 1990 年～ 2010 年における化石燃料由来の二酸化炭素排出量（10 億トン）
（UN Statistics Division（2015）より作成）

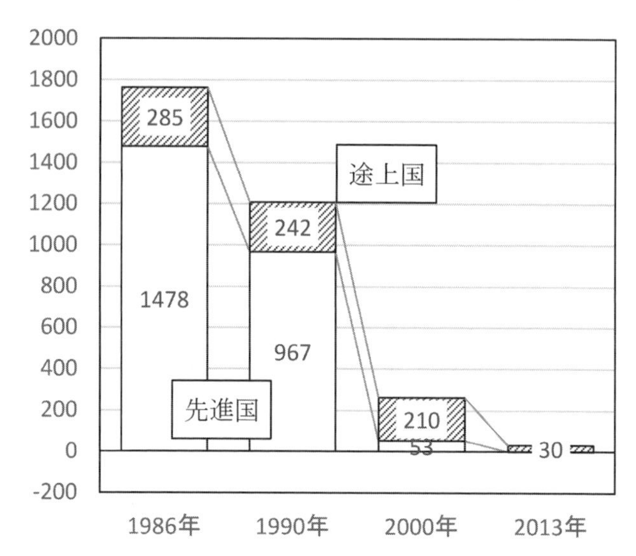

図 5.2　1986 年〜 2013 年にかけてのオゾン層破壊物質の消費量
（千トン— CFC-11 換算[1)]）
（UN Statistics Division（2015）より作成）

に伴い水産資源の量が減少した．1990 年代後半以降は漁獲高は減少しつつあり，ヨーロッパや北米など一部の地域では水産資源の回復に成功している地域もあるものの，世界全体としては水産資源は徐々に減少している状況にある．

再生可能水資源量からの取水率については 2011 年時点で世界平均で 9%となっており，水ストレス指標で定義される 25%より低いレベルである．しかし，国ごとに見ると 2011 年時点で 41 か国が 25%を超えている状況にあり，増加傾向にある．とくに 100%を超える国が 10 か国あり，これらの国では再生不可能な水資源（化石地下水の取水）や海水淡水化，下水再利用などに水源を頼っている．現時点で 40%を超える人口が水不足の影響を受けている状況にあり，経済や社会の発展の妨げとなっている．

5.1.3　生物多様性の減少は食い止められたか

ターゲット 7.B については，生物多様性の保全状況を表す指標として，保護対象となっている陸域や海域の割合，絶滅危機に瀕する生物の割合が取り上げられた．

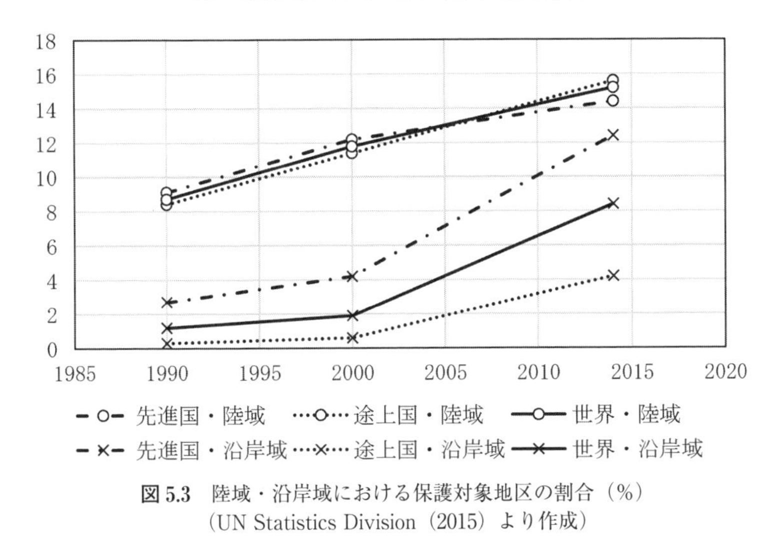

図 5.3 陸域・沿岸域における保護対象地区の割合（%）
（UN Statistics Division（2015）より作成）

保護対象地区については，2014 年時点において陸域（内水面を含む）で 15.2%，沿岸域で 8.4%が保護対象地区として設定されている．また，図 5.3 に示すように陸域の保護対象地区については先進国，途上国を問わず 1990 年以降急激に増加しており，2020 年には陸域で 17%，沿岸域で 10%に達する見込みである．一方で，今後の課題として保護対象地区の面積だけでなく，そこでの管理方法であったり，保護対象地区のネットワークなどについての検討の必要性も指摘されている．

絶滅危惧種の状況についても全体として悪化の傾向にある．Red List Index[2] によると，哺乳類や両生類，鳥類と比較してソテツ種の絶滅リスクが高い傾向にあるとともに，サンゴの絶滅リスクが 1995 年以降に急速に高まっていることを示している．

5.1.4 水や衛生の問題は改善できたか

ターゲット 7.C については，安全な飲料水源を利用できない人口の割合および改善された衛生施設が利用できない人口の割合を 2015 年までに半減するという定量的な目標が設定された．

安全な飲料水源の利用は，1990 年時点で人口の 76%だったが，2015 年には 91 %となり，2010 年の時点で MDGs の目標に到達した．1990 年以降新たに 26 億人がアクセスできるようになったが，そのうち 19 億人は家庭への個別の水道供給が受けられるようになった．地域ごとでは，サブサハラ・アフリカなど一部地域で目標を達成できていないが，状況は大きく改善している（図 5.4）．

改善された衛生施設へのアクセスは，1990 年時点で人口の 54%だったが，2015 年に 68%まで増加した．これは新たに 21 億人が改善された衛生施設にアクセスできるようになったことを意味する．一方で，MDGs の目標は 2015 年時点で達成できておらず，24 億人が未だに改善された衛生施設が利用できない状況である．

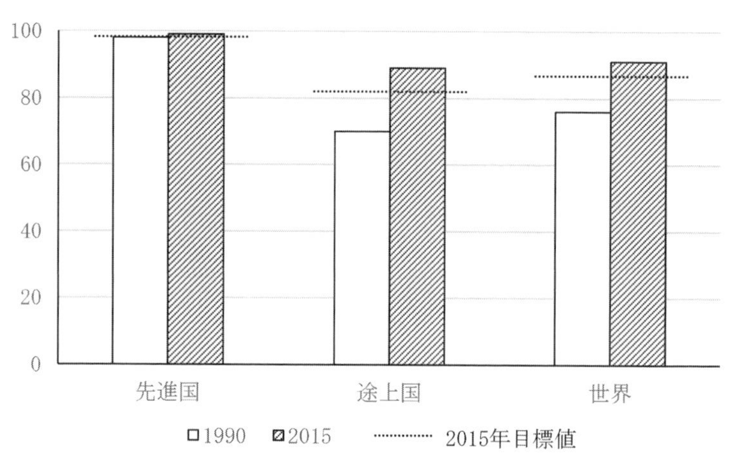

図 5.4　安全な飲料水源を利用できる人口の割合（%）
（UN Statistics Division（2015）より作成）

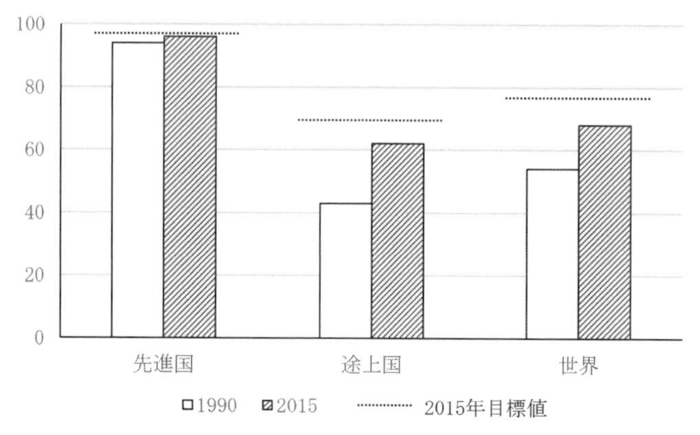

図 5.5　改善された衛生施設を利用できる人口の割合（%）
（UN Statistics Division（2015）より作成）

とくに途上国においては改善が十分とはいえない地域が多く，さらなる改善が必要な状況にある（図5.5）.

5.1.5 スラム居住者の問題は改善できたか

ターゲット7.Dについては，少なくとも1億人以上のスラム居住者の生活環境を改善するという目標が設定された.

実際は2000年から2014年にかけて，3.2億人以上のスラム居住者が安全な水や改善された衛生施設へのアクセスや十分な居住スペースの確保ができており，目標は達成されている．途上国における都市居住者のうちのスラム居住者の割合は1990年には45.2%であったものが，2000年には39.4%，2014年には29.7%と着実に減少している．その一方で，都市居住者も大幅に増加しているため，スラム居住者数そのものは2000年が7.9億人であったのに対し2014年は8.8億人と増加している.

5.1.6 Post-MDGsに向けた課題

MDGsで設定された環境分野での課題について，オゾン層破壊物質の消費削減，安全な水供給などここ15年間で大きく状況が改善し，ターゲットが達成できたものがある一方で，温室効果ガスの排出や森林・水産資源の減少，衛生施設の問題などターゲットを達成できなかったものもある．また，スラム居住者のようにターゲットは達成したものの現状で十分とはいえない課題も存在する．また，これらの課題は相互に関連している場合が多く，とくに気候変動の問題や近年増加している自然災害への対応などの喫緊の課題への取組みの強化が求められている.

このような状況に対し，United Nations（2015）では，開発目標の中に環境問題を本格的に統合していくことの重要性を指摘している.

5.2 SDGsにおける環境分野の目標と国際貢献のあり方

5.2.1 SDGsにおける環境分野の課題の扱い

それでは，SDGsにおいて環境分野の課題はどのように設定され，それはMDGsからどのように変わってきたのだろうか.

SDGsは17の目標から構成されているが，先に述べた「開発目標の中への環境問題の本格的な統合」が意識されたのか，環境分野に関わる課題は様々な目標（ゴール）の中に含まれている．

目標 6：すべての人々の水と衛生の利用可能性と持続可能な管理を確保する．

目標 7：すべての人々の，安価かつ信頼できる持続可能な近代的エネルギーへのアクセスを確保する．

目標 9：強靭（レジリエント）なインフラ構築，包摂的かつ持続可能な産業化の促進およびイノベーションの推進を図る．

目標 11：包摂的で安全かつ強靭（レジリエント）で持続可能な都市および人間居住を実現する．

目標 12：持続可能な生産消費形態を確保する．

目標 13：気候変動およびその影響を軽減するための緊急対策を講じる．

目標 14：持続可能な開発のために海洋・海洋資源を保全し，持続可能な形で利用する．

目標 15：陸域生態系の保護，回復，持続可能な利用の推進，持続可能な森林の経営，砂漠化への対処，ならびに土地の劣化の阻止・回復および生物多様性の損失を阻止する．

SDGs において，MDGs から大きく変わった点の 1 つ目に取り上げるのは，環境分野の中で取り扱う対象の項目が増えたことであろう．水産資源（目標 14），生態系の保護区域の設定（目標 14，15），水と衛生（目標 6），スラムの改善（目標 11）など MDGs で取り扱われた目標に加えて，エネルギーへのアクセス（目標 7），持続可能な生産消費（目標 12），気候変動への対応（目標 13）が目標として明示された．これは，SDGs は「持続可能性」を主眼においたものであり，最も重要な開発課題である貧困の削減と同時に，世界中の人々が文化的な生活を持続的に享受できることにも重点をおいているためであろう．さらに，「持続可能性」については，各目標の中にも，淡水資源の持続可能な利用（目標 6），再生可能エネルギーの利用やエネルギー効率の改善（目標 7）など，言及されるようになった．

2 つ目に，「レジリエント」というキーワードが様々な目標の中に見られるようになったことである．気候変動の影響により，今後自然災害による様々な影響がさらに激化していくことが懸念されているが，それに対するインフラの整備（目標 9），水関連災害などの対応（目標 11），気候変動への対応（目標 13）の他に，海洋生態系のレジリエンス（目標14）についても言及がなされた．環境への負荷が小さいだけでなく，自然災害をはじめ極端事象が発生した際の対応力を求めるようになった．

3つ目に挙げるのは，他の分野との関連性である．とくに，女性や女児，社会的弱者への対応について，衛生施設へのアクセス（目標6），レジリエントな都市や居住（目標11）など，目標の中に書き込まれるようになった．

4つ目に，地域住民やコミュニティの参画が重視されるようになった．具体的には，水と衛生管理への地域コミュニティの参加・支援の強化（目標6），都市や居住における参加型開発（目標11），生態系管理における持続可能な生計管理（目標15）など，地域住民やコミュニティの役割について言及されている．

このように，先進国も含めた地球全体の持続可能性に焦点をあてたSDGsでの環境分野での目標は，MDGsから比べると課題の多様性，そして世界中の人々による取組みの必要性，という点で大きく異なるものとなっている．

5.2.2 環境分野における国際貢献のあり方

MDGs達成に向けた国際貢献として，環境分野では，水や衛生，スラムの環境改善など途上国への開発援助・協力を通した国際貢献が中心であった．それが，上述したようなSDGsの違いにおいて，どのように変わってくるのかを論じてみよう．

1つ目に挙げたのは，対象の拡大であった．MDGsにおいては，水や衛生，スラムなどの問題を抱える途上国の現場に対する支援が中心であった．一方で，例えば気候変動の対応（目標13）を挙げると，様々な気候変動の影響による被害を軽減するために実施する適応は，問題となる地域への支援が中心になるが，気候変動の要因といわれる温室効果ガスの削減を行う緩和については，先進国も含めた世界中で取り組むべき課題である．よって，国際貢献として我々自身の取組みが求められることになる．これは持続可能な消費（目標12）も同様で，世界中から様々な食料品や製品を輸入して利用している我々は，自らの消費の持続可能性についてより深く考えていく必要がある．

2つ目には「レジリエント」そして3つ目には他の分野との関連性を挙げた．レジリエントという観点からは，インフラ開発など様々な途上国の支援にあたって定常状態での議論だけでなく，極端事象への対応などレジリエンスの確保を含めて検討していくことになろう．他分野との関連も考えると，ある種の開発支援や協力を実施する際に，幅広い視点からそのメリットやデメリットを捉え，改善策を検討していくことが求められるのであろう．

最後に挙げたのは，地域住民やコミュニティの参加である．これまで以上に，開発支援にあたっての内発的発展の視点が求められるであろう．

5.3 環境分野における国際貢献に向けた新たなアプローチ

5.2.2 項で SDGs の達成に向けて環境分野における国際貢献のあり方がどのように変わるかを議論したが，ここではそのような国際貢献を支えるアプローチをいくつか紹介していこう．

5.3.1 ライフサイクルの配慮による持続可能性の評価

持続可能な生産・消費（目標 12）において，「ライフサイクルの考慮」が明示されている．つまり，様々な開発支援の現場において，あるいは消費者が，そこで利用する製品や素材のライフサイクルにわたる環境影響に配慮し，できるだけ小さくすることが求められる．

製品のライフサイクルにわたる環境影響を評価するライフサイクルアセスメントは，製品の環境影響を測る手法として広く用いられている．さらに，この結果を用いて「カーボンフットプリント」や「ウォーターフットプリント」といった形でエコラベルにすることで，製品や素材を利用する側においてもライフサイクルにわたる環境影響を考慮できるような仕組みも構築されている．しかし，これらが社会全体に浸透しているとは先進国においても言い難く，開発支援の現場や消費者が十分に利用している状況ではない．

しかし，今後国際貢献の現場においても，このような手法を利用して自らが利用する製品等のライフサイクルにわたる影響をきちんと把握し，より環境影響が小さい製品等を選択していく努力をしていくことが求められるであろう．

5.3.2 多側面の影響への配慮と意思決定の支援

先に紹介したライフサイクルアセスメントは様々な環境影響が評価できる手法である．しかし，持続可能性を評価するうえでは，環境以外の経済的な側面や社会的な側面も重要になる．とくに今後は，先に述べたレジリエンスの視点も重要になってくるものと思われる．

持続可能性の評価は，開発支援かどうかを問わず，様々なプロジェクトで実施されていることが多い．多くの事例では，先に述べた経済，環境，社会という3つの側面からまず抽出し，各側面において適切な指標を用いて評価を実施している．

筆者らのグループも水供給や衛生施設を対象として，環境面（ライフサイクルアセスメントによる環境影響，直接的な水質負荷など），経済面（コストと便益），社会面（人々の受容性）といった形で評価を実施している（Pham *et al.*, 2013）．さらには，そのような結果を用いて地域住民による市民討議会を実施し，意思決定の支援に有効に機能しうるかについてチェックを行っている（大塚ら，2016）．

このように，様々な側面を考慮しながら地域住民の意見を踏まえた意思決定の支援までを行っていくことが求められるであろう．

5.3.3 環境への意識と行動と効果的なアプローチの探索

地域住民やコミュニティの参画を推進していくためには，コミュニティ関係者の意識など心理的な側面と行動との関係を明確にし，どのような働きかけがより効果的かを検討することが考えられる．環境心理学の分野では環境配慮行動の分析事例がこれまでも多くあり，このようなアプローチを用いて，地域住民の参加が促進される広報や教育方法を検討していくことが考えられる．

前述したように，MDGsからSDGsになり，先進国途上国を問わず，人類が当事者意識をもってSDGsに掲げられた目標の達成に取り組むことが求められている．そのためにはどのような情報や知識を提供することが，当事者意識をもって行動に取り組むことにつながっていくのかを明確にしていくことは，より重要な課題となるであろう．

注と参考文献

1）オゾン層破壊物質が大気中に報酬された際に与える破壊効果をCFC-11（トリクロロフルオロメタン）を1.0とした場合の相対値をオゾン層破壊係数と呼ぶが，その係数を用いて消費された各オゾン層破壊物質の破壊効果をCFC-11で換算した値として計算されている.

2) International Union on Conservation and Nature（IUCN）らによってまとめられた指標で，実際の絶滅リスクの状況から各生物種の絶滅リスクの傾向を表したものである.

- United Nations：The Millennium Development Goals Report 2015, 2015
- http://www.un.org/millenniumgoals/2015_MDG_Report/pdf/MDG%202015%20rev%20(July%201).pdf
- United Nations Statistics Division：Statistical Annex：Millennium Development Goals, Targets and Indicators, 2015
- http://mdgs.un.org/unsd/mdg/Resources/Static/Products/Progress2015/StatAnnex.pdf
- Pham, N.B. *et al.*：Assessment of Stakeholders' Preferences Toward Sustainable Sanitation Scenarios, *Water and Environment Journal*, **27**(1), 58-70, 2013
- 大塚佳臣ら：将来の水利用シナリオの検討を目的としたプラーヌンクスツェレにおける参加者の選好変容の評価，土木学会論文集 G（環境工学研究論文集），**72**(7), 361-372, 2016

コラム 3.　適正技術と倹約的技術による水供給を目指して

衣・食・住は基本的人間のニーズとして最も重要な三要素である．とくに開発途上国では，下痢疾病による子どもの死亡率が非常に高く，回復または改善のための持続的な食事の供給や安全な飲料水が不足している．とくに安全な飲料水は生命維持には欠かせないものであるため，優先的かつ永続的に供給されるものでなければならない．

昨今多発する自然災害時においても，常に水供給問題は誘起され，長期的に供給ができない状態を招いている．例えば，2015 年に起きたネパール大地震では，地震直後首都カトマンズにおいても水道給水が停止し，公園などに避難した住民もペットボトル水などを購入して暮らしていた．地震から 1 年後の仮設キャンプ地では，依然国際機関や NGO などの援助機関による水供給に頼っており，持続的な水供給は確立されていなかった．日本の東日本大震災後も水質と水量の確保と供給の課題があったことから，先進国，開発途上国関係なくこの問題は存在する．このように本書で取り上げている SDGs の持続可能な水供給とは，弱い立場に置かれた人々のための重要な課題であることがわかる．

その課題解決のために，筆者はこれまでアジアの開発途上諸国で研究と実務に携わってきた．現地では水供給手法を考える際に，常に適正技術の概念を念頭に実施している．適正技術とは国連において「現地で入手可能な技術であり，さらに経済的に妥当で，文化に適しており，環境に負荷を与えない技術」と位置づけられている．そのため，筆者は現地を訪れた際は，マーケットへ足を運び入手可能な飲料水や代替水の種類や価格について調査を行っている．その結果，常に有名な飲料水メーカーのボトル水や炭酸ソーダなどが売られていたことから，一定水準を超えた質の良い飲料水は現在の社会では入手可能となってきている．しかしながら 1 日当り約 1.5 リットルを飲用している人間にとって，販売されているボトル飲料水のみで生活することは経済的に負荷が大きい．

そこでこれらの問題を改善するためには，人々の自助・自立の活動，つまり内発的発

給水を待つ被災者たち

展が必要であると考える．もちろん，緊急の場合や大きな初期投資が必要なところには援助等を用いて実施することが望ましいが，援助される側は援助に依存してしまう傾向がある．そのため当初から料金回収や自助や自立を促すモデルを構築したりするべきであると考える．これは難しい方法ではあるが，将来的には持続可能になりうると考える．そこで，料金回収や自助・自立を定着させるために，やはり経済的に妥当であるかどうかということが一番重要となってくる．経済的，つまり支出できる額にするためには，倹約的技術を用いることが必要である．倹約的技術は昨今のグローバル化や技術の進歩，交通手段の多様化によるサプライチェーンの構築や商品普及により，以前までは高価だった技術が低価格で購入可能となってきている．例えば，筆者が調査・研究しているミャンマーでは，ソーラーパネルが低価格で売られていたり，無電化地域における夜の作業に必要なLEDランタンや懐中電灯が低価格で入手可能であった．日本においてもスマートフォンが3万円以下で売られており，最先端技術が低価格で入手可能な時代である．これらの倹約的技術は先進国のみならず開発途上国の起業家やベンチャー企業によって作られ，次々に産み出されてきている．

日本企業も自社の製品を開発途上国で販売し，社会問題を解決する動きも，頻繁に実施されてきている．それはBOPビジネス（base of the pyramid）と呼称され，年収約3,000ドル以下に位置する約40億人の貧困層をターゲットとしている．筆者もこれらの実務に携わってきたが，日本製品は開発途上国において非常に高価であり，経済的に妥当でないものが多いことが見受けられた．また，日本製品と同様な中国製品が数多く販売されており，購入者は初めに価格を重視して商品を選別していることから，日本製品は価格面では低く評価されている．これは，ヒアリング調査からも明らかになっており，「メイド・イン・ジャパンは性能がよく耐用年数や保証などがあるが，価格に手が届かず購入できない」との回答から，質の評価はされているが価格の評価が低いことがわかる．これは，BOPビジネスの対象者である収入額が低い世帯には適していない．よって，日本の製品を開発途上国へもっていく際は，販売価格を下げる必要があるため，部品など細かな部分をオールジャパンで製造する必要はまったくなく，むしろ必要に応じて海外の部品を導入したり，スペックダウンをする必要がある．このリバースイノベーションをすることにより，開発途上国で初めて低所得者へ製品が渡ると考えられる．しかしながら，開発途上国で売れるかどうか不透明な中で，自社の製品をスペックダウンするという決断は困難であると考える．

これまで，適正技術と倹約的技術について記載してきように，SDGsのゴール6である安全な水供給課題解決には，価格を重視した技術が必要であると考える．グローバル化時代，先進国と開発途上国の区別なしに最新技術が行き交うこの時代に，我々は社会問題をもつ地域や人に適当な技術を選択し解決していくことが重要であると考える．

6. 防災とSDGs
—SDGsの礎として—

6.1 災害は社会の様々な側面に影響する

災害は，先進国，開発途上国を問わず発生し，我々が暮らす社会の様々な側面に影響を及ぼす．『大災害に立ち向かう世界と日本—災害と国際協力』（「大災害と国際協力」研究会，2013）では，その影響する範囲を「人々の暮らし」，「国家経済」，「環境」，「周辺国」，「グローバル経済」としており，多様化し激甚化する様相を見せる災害は，「とくに開発途上国にとっては，これまで達成された開発の成果に大きな影響を与え，経済社会の持続的な成長と発展を阻むものとして捉えることが必要」としている．また「貧困状態にある人々にとっては，さらなる困窮化へ陥って状況が一層悪化してしまうというリスクがある」ともしている．

社会の災害に対する脆弱性を増加させる要因の1つは，人口増加とそれに伴う都市部への人口集中（都市化の進展）である．都市化の進展は，低地や急斜面など居住不適地への居住を増加させるが，とくに開発途上国ではこのような土地に住まざるをえない人たちの多くは，都市に職を求めて農村部から集まってきた人たちで，教育や職業スキルをもたないために低賃金の労働に就かざるをえず，低所得がゆえに転居や災害に備えることができない．そして，それがさらに災害に対する脆弱性を増大させ，貧困を加速させるという悪循環となっている．

このように，災害は持続的発展や貧困問題に関わる要因の1つであり，これらの問題とは切り離して考えることができないものなのであるが，災害を防ぐ役割を果たしている「防災」は，SDGsにどのような貢献ができるのだろうか．

本章では，災害と防災を簡単に整理した後，SDGsにおける防災の扱われ方を探り，SDGsと防災の関係について「仙台防災枠組」等を参照しながら整理する．その上で，「事前の防災」と「災害からの復興」について，筆者らの開発途上国における経験を踏まえつつ SDGs と防災という 2 つの視点からの整理を試みる.

6.2　SDGs のゴール・ターゲットと防災の関係

6.2.1　災害と防災，開発

災害は，異常な自然現象や事故などによって，人々や人々の生活，社会や経済がネガティブなインパクトを受けることを指す．一方，防災は，災害に備えて各種対策をしておく未然の防止に加え，災害が発生した場合の被害の拡大防止や災害からの復旧・復興を含む「事前の備え～災害対応～復旧・復興～事前の備え」という途切れのないプロセスである.

災害が社会・経済にネガティブなインパクトを与える事象であることや，防災が災害発生後の回復（復旧・復興）を含む活動であることを考えると，防災（災害対策）により得られる効果というものは，「事前に対策を行うことで災害によるネガティブなインパクトを減らす」ことと，「災害からの回復力を高めより早く復興する」という 2 つに集約される（図 6.1).

災害インパクトの軽減（図 6.1 左）は，様々な施策により，その地域に存在する災害によるリスクを減らすことで達成されるが，その施策はハード対策（構造物対策：災害につながる自然現象による力をダムや堤防などの構造物によりある

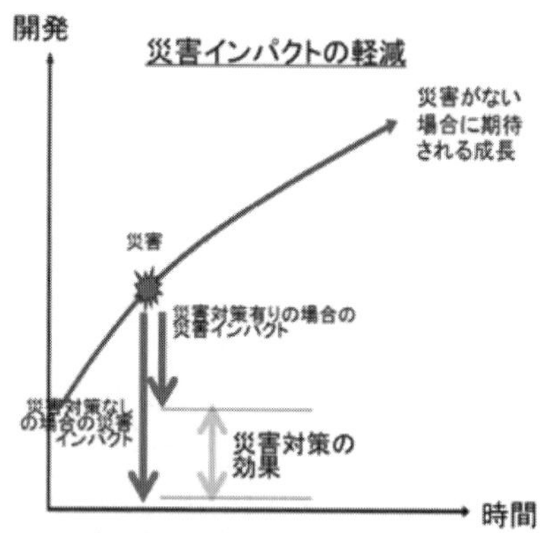

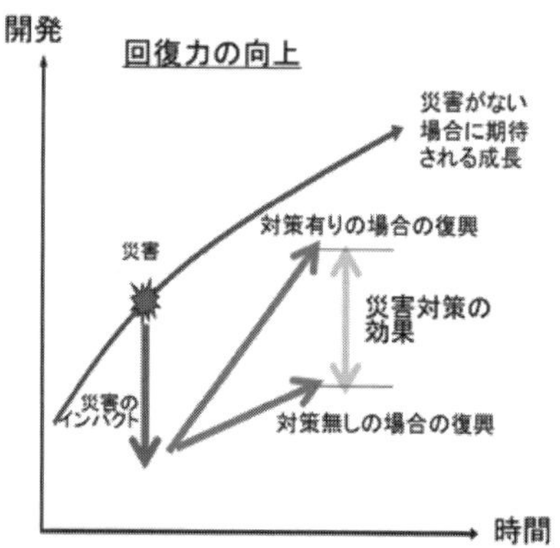

図 6.1　災害インパクトの軽減と災害からの回復力の増大（イメージ）

程度くい止める対策）とソフト対策（非構造物対策：土地利用規制や早期警報，防災教育・防災訓練などにより被害を軽減する対策）の組合せにより行われる．一方，回復力の向上（図6.1右）は，災害の発生に備えた被災者支援体制の整備や必需品の備蓄，復旧・復興に関する制度や計画の準備などからなる．

防災は社会全体で取り組む課題であり，このことは，2015年3月に仙台で開催された，「国連防災世界会議」で採択された「仙台防災枠組」（次項に詳述）にも「市民社会やボランティアを含む社会の構成員すべてが防災に関わることの重要性」として記載されている．防災における「個人・世帯」，「コミュニティ」，「政府」の役割分担を理解するためには，「自助：自分の身を自分で守るために，個人や世帯が取り組むこと」，「共助：自分たちの街を自分たちで守るために，地域で力を合わせて実現すること」，「公助：行政が安心・安全のために責任を果たしていくこと」の概念がわかりやすい．この考え方は，日本の防災関係者間では共通の認識であり，海外でもこの考えに対する理解が広がりつつある．

災害は，開発を阻害し貧困を加速させる側面がある一方，開発には災害を増大させる側面がある．開発による居住不適地の市街化や，2011年に発生したチャオプラヤ川（タイ）の洪水でバンコク郊外の工業団地が浸水した事例に見られるように，都市域の拡大や新たな産業の立地が新たな災害を生み出している．

6.2.2 仙台防災枠組 2015-2030

持続的開発のための国際合意であるSDGsと防災の関係を考える前に，防災における国際的な合意・枠組である，「仙台防災枠組（Sendai Framework for Disaster Risk Reduction）」について触れておく．

仙台防災枠組は，SDGsの採択に先立つ2015年3月18日に，仙台で開催された第3回目となる「国連防災世界会議（World Conference on Disaster Risk Reduction）」において採択された．SDGsと並び，2030年までに世界が目指す方向を示した文書で，期待される「成果とゴール」，7つの「グローバルターゲット」，4つの「優先行動」を規定している（表6.1）．

6.2.3 SDGsに見る災害・防災の扱い

SDGsは，MDGsの内容やスコープを拡大し，開発途上国のみならず先進国を含むすべての国を対象に貧困撲滅と持続可能な開発を目指した目標で，17のゴー

表 6.1　仙台行動枠組に示された成果，ゴール，グローバルターゲット，優先行動

項　目	内　　容	備　考
成果	人命・暮らし・健康と，個人・企業・コミュニティ・国の経済的・物理的・社会的・文化的・環境的資産に対する災害リスクおよび損失を大幅に削減する．	15 年間で達成すべきもの
ゴール	ハザードへの暴露と災害に対する脆弱性を予防・削減し，応急対応および復旧への備えを強化し，もって強靭性を強化する，統合されかつ包摂的な，経済的・構造的・法律的・社会的・健康的・文化的・教育的・環境的・技術的・政治的・制度的な施策を通じて，新たな災害リスクを防止し，既存の災害リスクを削減する．	成果を実現させるために追求されるもの
グローバルターゲット	1. 2030 年までに地球規模での災害死者数を実質的に減らす．2005 年から 2015 年までと比べ，2020 年から 2030 年には 10 万人当りの死者の減少を目指す． 2. 2030 年までに地球規模での災害による被害を受ける人々の数を減らす．2005 年から 2015 年までと比べて，2020 年から 2030 年には 10 万人当りの被害者数の減少を目指す． 3. 2030 年までに地球規模での GDP（国内総生産）に関連し，災害を直接の原因とする経済的損失を減らす． 4. 2030 年までに保健や教育施設など重要なインフラへ損害や基本的サービスの破壊を，レジリエンス（回復力・強靭性）の開発を通じて，実質的に減らす． 5. 2020 年までに国レベルおよび地方自治体レベルにおいて，災害リスク軽減戦略を策定する国を実質的に増やす． 6. 2030 年までに本枠組の実施に向けた国レベルの活動を補完するために，発展途上国への十分で持続可能な支援を通じた国際協力を実質的に強化する． 7. 2030 年までに人々による多様な災害への早期警戒システムと災害リスク情報および評価の入手やアクセスを実質的に増やす．	成果とゴールの達成に向けた進捗状況の評価を促進するためのターゲット
優先行動	1. 災害リスクの理解 2. 災害リスク管理のための災害リスクガバナンスの強化 3. レジリエンスのための災害リスク軽減への投資 4. 効果的な対応のための災害準備の強化と回復・復旧・復興に向けた「より良い復興」	焦点を絞った行動が必要とされる分野

（外務省，2015[2] をもとに筆者作成）

ルと 169 のターゲットから構成されている（表 1.1 参照）．

SDGs の 17 のゴールには，災害や防災に直接言及したものはないが，各ゴールに設定されているターゲットのいくつかには，災害や防災への言及がある（表 6.2，下線部が SDGs ターゲットにおける災害・防災への言及部分）．

表 6.2 SDGsにおける災害・防災関連の記述

ゴール		災害・防災に関連する記述があるターゲット
1	あらゆる場所のあらゆる形態の貧困を終わらせる.	1.5 2030年までに, 貧困層や脆弱な状況にある人々の強靱性（レジリエンス）を構築し, 気候変動に関連する極端な気象現象やその他の経済, 社会, 環境的ショックや災害に暴露や脆弱性を軽減する.
2	飢餓を終わらせ, 食糧安全保障および栄養改善を実現し, 持続可能な農業を促進する.	2.4 2030年までに, 生産性を向上させ, 生産量を増やし, 生態系を維持し, 気候変動や極端な気象現象, 干ばつ, 洪水およびその他の災害に対する適応能力を向上させ, 漸進的に土地と土壌の質を改善させるような, 持続可能な食料生産システムを確保し, 強靭（レジリエント）な農業を実践する.
11	包摂的で安全かつ強靱（レジリエント）で持続可能な都市および人間居住を実現する.	11.5 2030年までに, 貧困層および脆弱な立場にある人々の保護に焦点をあてながら, 水関連災害などの災害による死者や被災者数を大幅に削減し, 世界の国内総生産比で直接的経済損失を大幅に減らす.
		11.6 2020年までに, 包含, 資源効率, 気候変動の緩和と適応, 災害に対する強靱さ（レジリエンス）を目指す総合的政策および計画を導入・実施した都市および人間居住地の件数を大幅に増加させ, 仙台防災枠組2015-2030に沿って, あらゆるレベルでの総合的な災害リスク管理の策定と実施を行う.
13	気候変動およびその影響を軽減するための緊急対策を講じる.	13.1 すべての国々において, 気候関連災害や自然災害に対する強靱性（レジリエンス）および適応の能力を強化する.

（外務省, 2015[3] をもとに筆者作成）

ターゲット1.5は, 仙台防災枠組の「成果・ゴール」にほぼそのまま対応しており,「レジリエンスの獲得」や「災害リスク管理計画の策定」等といった記述からも, SDGsと仙台防災枠組の密接な関係, つまりSDGsと防災が切り離せない関係にあることが理解できる.

ここで, 社会全体を「自然・環境」,「社会基盤・コミュニティ」,「経済・産業・科学」,「ガバナンス」という階層に分類し, SDGsの17のゴールがどの階層に焦点を当てているかの分類を試みた（表6.3）. 分類結果からは, 防災に関連するゴール1, 2, 11, 13のうち, ゴール13以外はすべて「社会基盤・コミュニティ」に関連するゴールであることがわかる. このことから, 防災は, SDGsにおいて人々の生活のベースの構築に貢献することが期待されていると理解できる.

表6.3　SDGsのゴールの分類

領域	対応するSDGsのゴール
ガバナンス *社会規範や制度のベース*	16 持続可能な開発のための平和で包摂的な社会を促進し，すべての人々に司法へのアクセスを提供し，あらゆるレベルにおいて効果的で説明責任のある包摂的な制度を構築する． 17 持続可能な開発のための実施手段を強化し，グローバルパートナーシップを活性化する．
経済・産業・科学 *社会の発展のベース*	8 包摂的かつ持続可能な経済成長およびすべての人々の完全かつ生産的な雇用と働きがいのある人間らしい雇用（ディーセントワーク）を促進する． 9 強靱（レジリエント）なインフラ構築，包摂的かつ持続可能な産業化の促進およびイノベーションの推進を図る． 10 各国内および各国間の不平等を是正する． 12 持続可能な生産消費形態を確保する．
社会基盤・コミュニティ *人々の生活のベース*	1 あらゆる場所のあらゆる形態の貧困を終わらせる． 2 飢餓を終わらせ，食糧安全保障および栄養改善を実現し，持続可能な農業を促進する． 3 あらゆる年齢のすべての人々の健康的な生活を確保し，福祉を促進する． 4 すべての人々への包摂的かつ公正な質の高い教育を提供し，生涯学習の機会を促進する． 5 ジェンダー平等を達成し，すべての女性および女児の能力強化を行う． 6 すべての人々の水と衛生の利用可能性と持続可能な管理を確保する． 7 すべての人々の，安価かつ信頼できる持続可能な近代的エネルギーへのアクセスを確保する． 11 包摂的で安全かつ強靱（レジリエント）で持続可能な都市および人間居住を実現する．
自然・環境 *社会が成立するベース*	13 気候変動およびその影響を軽減するための緊急対策を講じる． 14 持続可能な開発のために海洋・海洋資源を保全し，持続可能な形で利用する． 15 陸域生態系の保護，回復，持続可能な利用の推進，持続可能な森林の経営，砂漠化への対処，ならびに土地の劣化の阻止・回復および生物多様性の損失を阻止する．

注）下線が防災に関係するゴール

（Stockholm Resilience Centre，2016 等をもとに筆者作成）

6.3　途上国の防災プロジェクトに見るSDGsとの関係―ケーススタディ―

日本は，そのおかれた自然条件から，これまで多くの災害に見舞われてきた．災害対策や復興についても多くの経験をし，その経験を通じて「経済成長のためには，災害リスクを軽減することが重要である」ことをリアリティをもって認識しており，仙台防災枠組の立案にあたっても，優先行動3「災害リスク軽減への投資」（＝災害に対する事前の備え）と優先行動4「より良い復興」の2つを強く主張してきた．ここでは，防災とSDGsの関係について，日本が一貫して主張してきているこの2つについて，開発途上国を事例に考えていく．

6.3.1　災害に対する事前の備え

多くの開発途上国では，自国予算の制限から，道路や鉄道，電気など経済開発に直接寄与するインフラやベーシックヒューマンニーズの充足等への投資が優先され，防災への投資が少ない実情がある．日本は，自国の経験から，災害への事前の備えの重要性を長年にわたり主張しており，そのための援助も数多く行ってきている．ここでは，マニラ首都圏の洪水対策（フィリピン），サイクロンシェルターの建設（バングラデシュ）を事例に，対策の内容とSDGsとの関係を見る．

a.　マニラ首都圏の洪水対策—フィリピン—

フィリピンは世界でも自然災害の多い国の1つで，マニラ首都圏も毎年のように洪水被害を受けている．洪水の主な原因は，首都圏を貫流するパッシグ・マリキナ川の氾濫と市内の排水不良であり，日本は40年以上にわたり，この状況の改善のための支援を続けている．1988年完成のマンガハン放水路は，100年に1度の大洪水といわれる台風オンドイ（2009年）の際に，下流部の浸水被害を大幅に軽減したとされ，また市内排水のために設置された数々のポンプ施設は，都市内豪雨の際に発生する浸水の深さや時間を大幅に軽減しており，これらの対策は，首都圏の洪水に対する安全度の向上や経済活動の活性化に貢献している．

この事例は，仙台防災枠組の優先行動3の長年にわたる継続が，SDGsのゴール11に貢献することを示す好事例である．誰の目にも効果が明らかとなる大規模洪水時の被害軽減に加え，中小洪水時に被害をほぼなくすことに成功していることもこれらの対策の効果として特筆すべき点である．頻繁に発生していた市内各所の浸水がなくなることで，経済活動（例えば交通や物流，企業活動）の停滞が抑制され，結果としてマニラ首都圏の経済活性化に貢献している．

b.　サイクロンシェルターの建設—バングラデシュ—

バングラデシュは，毎年のようにサイクロンや洪水被害を受けている．大型サイクロンが襲来時には，高潮による潮位の上昇が5m以上になる場合や，最大風速が70m/sに達することもあり，多くの人命，家畜等を含む財産が被害を受けてきた．とくに，1991年に発生したサイクロンでは，ベンガル湾沿岸地域で約14

万人もの人命が高潮や暴風により失われた．このようなサイクロン被害を軽減するため，日本の協力により 117 か所の多目的サイクロンシェルターやバングラデシュ全土をカバーする気象観測レーダーが整備された．加えて，自国予算や他国の支援により，数多くのサイクロンシェルターが整備された結果，2007 年に発生した同規模のサイクロンでは被害者が約 5 千人と激減した．

この事例も，長年にわたり仙台防災枠組の優先行動 3 をとることで，SDGs のゴール 1 と 11，とくにゴール 1 に貢献した事例であるといえる．

c. 2 つの事例からの教訓

この 2 つの事例から，「災害に対する事前の備え」は，SDGs のゴールの達成に貢献することがわかる．その上で，1）事前の対策の効果が発現するには時間がかかること，2）地域の状況に応じた対策が有効であること，3）途上国にとって，外部支援が不可欠であること，の 3 点がポイントとして挙げられる．

1 つ目のポイントについて，2 つの事例は，災害に強い地域の形成には長い時間をかけた投資が必要だということを示唆している．SDGs のターゲットは 2030 年であるが，事前の備えに対する投資が効果をあらわすためには長い時間が必要であり，近視眼的な評価を行うことは慎まねばならない．

2 つ目のポイントは，投資の重点を地域のもつ特性により変えることにある．マニラ首都圏の場合，人口や資産の集中に加え，首都および都市機能を維持する必要性から，放水路を含む河川改修や排水施設の建設といった構造物対策を実施し，そのことが効果を発揮した．一方，バングラデシュの場合は，守るべき資産の密度が低く構造物対策への投資が経済的に見合わないため，人命を助けることを最優先に安全な避難のための対策に重点を置きそれが効果を発揮した．

さらに，両事例ともに対策の実施に外国からの資金が充てられており，目標達成に向けた国際協力の重要性を唱っている SDGs（ゴール 17）および仙台防災枠組（グローバルターゲット 6）の考えを支持する事例ともいえる．

6.3.2 災害からの復興

いくら災害に備えていたとしても，備え以上の災害に見舞われる．ましてや，防災への投資が限られている開発途上国では，災害に見舞われる可能性が高く，災害に遭ったときに社会が受けるインパクトは非常に大きくなる．一方，大規模災害直後は，住民や行政の防災意識が高まることに加え，支援機関などからも注目され，復旧・復興にかかる資金が集まりやすく，「より良い復興」を通じて，災害リスクをより軽減した地域づくりができる数少ない機会でもある．

ここでは，「より良い復興」の考えをベースに復興と持続的開発について，インド洋大津波災害からの復興を遂げたバンダアチェ市を事例に考えてみたい．

a.「より良い復興」における災害リスクの軽減

「復興」という言葉は，インフラなどを災害前の状況に戻す意味で使われる「復旧」という言葉に対して，インフラや街だけでなく，そこに住む人の生計，地域経済が災害前よりもより良い状況になるという意味をもつ言葉として使われており，この考えを明示的に示したものが仙台防災枠組の優先行動4にある「より良い復興（Build Back Better：BBB）」である．

筆者は，Ian Davis *et al.* 編（2015）において，「より良い復興」の概念を図6.2に示す形で提示した．つまり，被災地域がより安全な地域への再生（Build Back Safer）と安全となった地域をベースに生計や経済，文化，環境などの再生・活性化が行われることの総体が「より良い復興」なのである．

この図からわかるように，防災は「より安全な地域への再生」に主として関わり，人々の活動を支えるものの構築に寄与する．復興過程において，「より安全な地域への再生」を図ることは，SDGsのゴール11に直接貢献し，さらにその他のゴールを達成するベースにもなる．

b. バンダアチェ市のインド洋大津波災害からの復興—インドネシア—

バンダアチェ市は，津波により市街地の約半分が被災し，死者・行方不明者は

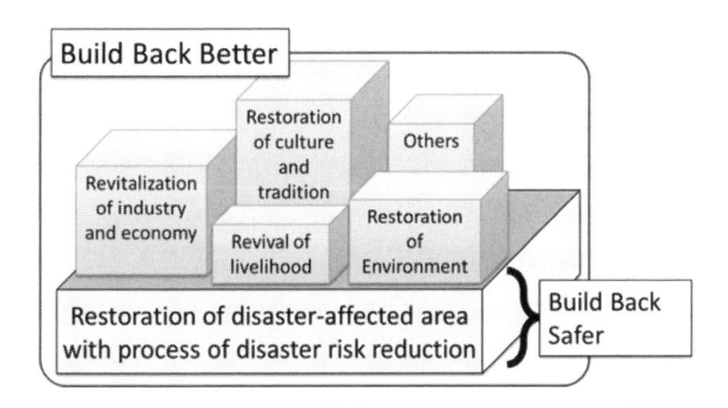

（出典：Ian Davis *et al.* ed., 2015）

図6.2　Build Back BetterとBuild Back Saferの概念図

1.5 万人以上（インドネシア全体で約 16.7 万人）であったが，現在では，インフラや生計等の復興も進み，市内で津波被災の痕跡を見ることはほとんどない．

被災直後に政府が発表した土地利用計画案では，沿岸部を居住制限区域とし，「より安全な地域への再生」を目指していたが，早期の生計再建を望む住民と時間を要する「安全な地域への再生」というジレンマの中，大きな被害を受けた沿岸部に防災施設の建設がほとんどないままに，政府や国際機関等の支援で住宅再建がなされ，現在は活気を取り戻している．沿岸部での住宅再建と同時に，内陸部への集団移転も行われたが，市街地から遠く離れた集団移転地では，被災後 10 年を経て多くの移住者が生計を理由にそこを離れてしまっている．安全な地域への再生と被災後の生計再生を両立させることの難しさを示す事例である．

一方，災害経験や災害遺構の地域資源（観光資源）としての活用は，バンダアチェ市の復興で特筆されることの 1 つである．被災経験を伝える場として津波博物館が建設されたほか，津波で打ち上げられた船等の周辺を遺構として整備したり，津波の高さを示すポールの設置などを行っており，これらの場所はバンダアチェ市を訪れる人たちが立ち寄る場所となっている．災害遺構を中心とした経済活動が定着すれば，被災した住民にとって，新たな収入を得る機会となりうる．

バンダアチェ市の事例から，「より安全な地域への再生」には，政府の強い意思が必要であること，また，市街地の活気と集団移転先の衰退からは，生計を営む場所と居住地の安全のバランスが必要であることが明らかになり，SDGs のゴール 11 を復興過程で達成することの難しさを示している．その一方で，災害遺構の活用は地域の「より良い復興」への 1 つの示唆を与えるものであろう．

6.4　自然災害に対してレジリエントでサステナブルな社会に向けて

災害は，人々の生活に負のインパクトを与え，地域の開発を阻害する．度重なる災害は，負のインパクトを蓄積し様々な負の連鎖をもたらし，SDGs が掲げる目標の達成を危うくする．一方，「事前の対策による災害リスクの軽減」や「より良い復興」の確実な実施は，SDGs とくに社会基盤やコミュニティといった人々の生活のベースとなる部分の達成に貢献することが明らかになった．

本章の最後に，SDGs に貢献するための防災のポイントを列挙して本章のまとめとしたい．

- ❑ 防災（災害リスクの軽減＋より良い復興）は，安全な都市，地域，社会づくりのベースであり，SDGs 達成に向けた活動を推進するベースになるものであり，地域の計画や復興計画に取り込んでいかなければならない．
- ❑ 災害リスクの軽減のためには長い期間の取組みが必要であり，その効果は短期間で発現するものではない．また，その取組みは社会がもつ特性に応じたものでなければならない．
- ❑ より良い復興，特に，より安全な地域への再生のためには，住民の意見を反映しながらも，政府の強い意思やガバナンスが重要である．
- ❑ レジリエントでサステナブルなコミュニティをつくっていくためには，災害に対する安全と生計の維持のバランスが重要である．
- ❑ 途上国では，災害への備えや復興において，支援機関からの技術協力・資金協力が重要な役割を果たすため，より一層の国際協力が必要である．

参 考 文 献

1) 生田長人：防災法，信山社，2013
2) 外務省：仙台防災枠組 2015-2030（仮訳），外務省ウェブサイト，2015
3) 外務省：我々の世界を変革する：持続可能な開発のための 2030 アジェンダ（仮訳），外務省ウェブサイト，2015
4) 国際協力機構：JICA の防災協力　防災の主流化に向けて　―災害に強い社会をつくる―，国際協力機構，2015
5) 内閣府：平成 20 年版　防災白書，佐伯出版，2008
6) 二宮洸三：防災・災害対応の本質がわかる本，オーム社，2011
7) 「大災害と国際協力」研究会：大災害に立ち向かう世界と日本　災害と国際協力，佐伯印刷，2013
8) 松丸　亮：インド洋大津波災害から 10 年―バンダアチェ市（インドネシア）とスリランカの復興に焦点を当てて―，土木学会誌 2015 年 3 月号，土木学会，2015
9) Stockholm Resilience Centre：How food connects all the SDGs，2016
10) Ian Davis *et al.* ed.：Disaster Risk Reduction for Economic Growth and Livelihood, Routledge, 2015

7. ジェンダーとSDGs
―女性のエンパワーメントと障壁に関する見解：フィリピンにおける様々なコミュニティの女性リーダー―

7.1　本章の討論の背景

この章では，フィリピンのセブ州およびボホール州の様々なコミュニティにおける女性リーダーが，女性のエンパワーメント（地位向上）およびその障壁についてどのような見解を有しているかをテーマに論じる．

国連が掲げる17の持続可能な開発目標（Sustainable Development Goals：SDGs）を達成する上で，女性のエンパワーメントは欠くことのできない大前提であると考えられている．そこで，「女性のエンパワーメント」という言葉のもつ意味を明確化すべく，本調査を実施した．SDGsのゴール5（「ジェンダーの平等を達成し，すべての女性と女児のエンパワーメントを図る」）にあるように，女性のエンパワーメントは，その実現自体が重要な目標と考えられている．これまでも国連ミレニアム開発目標（Millennium Development Goals：MDGs）のゴール3「ジェンダー平等の推進と女性の地位向上」を推進するため，下記のような多くの成果を挙げてきた．

① 女児の就学率向上：15年前に比べて，現在の女児就学率は大幅に向上している．途上地域全体で見た場合，初等・中等および高等教育における男女格差を解消するという目標は達成された．南アジアでは，1990年には初等教育機関に入学する男児100人に対し女児は73人のみだったが，2015年にはこの比率が男児100人に対し女児103人となっている．

② 女性の雇用の増加：現在，女性は農業分野以外の賃金労働者の41%を占めているが，1990年にはこの数字は35%であった．1991年から2015年の間に，雇用されている女性全体のうち「不安定な雇用（vulnerable employment）」に就いている女性の割合は，13ポイント減少した．

③ 政治参加の増大：174か国のうち90%にあたる国において，女性国会議員数は1995年時点より増加している．

しかし，「法制度上および実社会での性差別，女性および女児に対する虐待，労働市場における女性と男性の機会の不均等性，無報酬のケアや家事労働の不公平な分配，資産や不動産における女性の管理権の限定，そして私的・公的な意思決定における女性の参加機会の不均等性など，ジェンダー間の不均等に関する重要な領域」（国連ミレニアム開発目標報告書2015年版）において，依然としてSDGsゴール5による数多くの取組みが必要である．

7.2 女性のエンパワーメント―様々な定義―

「女性のエンパワーメント」という言葉の明確化は，理論・実践双方の観点から必要である．エンパワーメントはSDGs達成の鍵であり，また生活の質や人間としての尊厳，優れた統治，貧困削減に資する経済成長（pro-poor growth），プロジェクトの効果やサービス提供の改善などを確保する上で非常に重要である（Narayan, 2002）．「女性のエンパワーメント」は「ジェンダーの平等」と密接な関係をもつ言葉であるが，この2つには違いもある．「（ジェンダーの平等が）男性の地位に比較した場合の女性の地位に関する概念であるのに対し，エンパワーメントは，実際的・戦略的決断において，女性が（相対的ではなく絶対的な意味で）支配力，影響力および選択権を行使する力に関する概念である」（Desai, 2010におけるGrown, 2008の引用）．

エンパワーメントはこれまで様々な定義がなされてきた．例えば，「多様な個人やグループが，自らに影響力を及ぼす組織に関わり，これに影響を与え責任を課すための資産や能力を強化すること」（Bennett, 2002），「人々が自らの生活における主導権を獲得し，また自分の生活や共同体，社会において重要だと考えられる事項に関して行動を起こす力（ここでは「力」は物事を遂行する能力，という意味である）を育成するための多面的な社会プロセス」（Page & Czuba, 1999）．また，人々が「自分の人生を管理できるということを意味する．自ら計画を定め，技術を習得し（またはもっている技術や知識を認めてもらい），自信をもち，問題を解決し，自己信頼性を身につけるなどがその例である．エンパワーメントは，過程であり，結果でもある．」（UN Women and UN Global Compact, 2011）．このような各定義の複雑さは，エンパワーメントが資産，能力，プロセス，支配，権力および政府機関および成果に関連し，またこれらを含む概念であることを意味している．1980年代にフェミニストによって定義されたエンパワーメントは，「個々の女性，また集団としての女性に，不平等な力関係および不公正な（社会）構造や機関を変化させる力を与えるとして，1980年代に開発分野で人気のある概念となった」(Desai, 2010).

女性のエンパワーメントのもつ側面は多岐にわたり，経済的エンパワーメント，社会文化的エンパワーメント，家族や人間関係に関する分野，法的，政治的，心理的分野におけるエンパワーメントなどがある．また，個人，家庭，共同体やより幅広い地域などの様々なレベルに関わっている（Malhotra, Anju, Schuler & Boender, 2002).

エンパワーメントとは，異なる分析レベルにおいても意味に変化のない同一構造の構成概念ではなく，変成する概念である．すなわち，個々の状況によって変化する（Malhotra, Anju, Schuler & Boender, 2002）ものであり，「可変性があり，個人の機能なのか，それとも地理的，歴史的，または社会政治的な，もしくはそれらのすべてを含んだ文脈における機能なのかによって意味が変わりうる」のである（Sutton-Brown, 2011).

女性にとっての障壁は，教育や訓練のための機会が限られていること，意思決定機関への参画が進んでいないこと，また不十分な社会基盤や構造的・社会文化的な要因などが挙げられる（UN ESCAP, 2013)．文化や伝統は，女性に対して「適切（appropriate)」とされる特性や行動を強要する—すなわち，男性に比べて自主性に乏しく，自由に扱える資源も少なく，社会や自らの生活の形成に関わる意思決定プロセスに対する影響力も小さく（OECD, 2012)，男性に従属しその支配下にあり，家族の世話をするために家庭に閉じ込められるのである．

7.3　コミュニティにおける討議と調査の結果

7.3.1　調査手法，参加者およびコミュニティ

2016年の8月から9月にかけて，フィリピンのセブ州およびボホール州の様々なコミュニティにおいてフォーカスグループによる討議（Focus, Group Discussion 以下：FGD）を行った．これらのほかに，参加者の一部は討議時と同

表 7.1　FGD の参加者の所在地，参加者数および提出された調査票数

FGD 参加者の所在地	参加者数	提出された調査票数
1.　セブ州		
a.　ラプラプ市，バランガイ・バサク	11	6
b.　コンソラシオン市，バランガイ・ダングラグ	8	3
c.　マンダウエ市，バランガイ・マグイカイ	8	5
2.　ボホール州		
d.　ロアイ町，バランガイ・ビヤリンピア	12	9

FGD の参加者は，セブおよびボホール州の様々なコミュニティにおいて女性リーダーと認定された人々から選定された．

様の質問が記載された調査票に回答した．表 7.1 はフォーカスグループによる討議への参加者（合計 39 人）および提出された調査票数（$n=23$）をまとめたものである．

ラプラプ市からの参加者については，FGD セッションが 2 回行われた．1 回目の FGD に参加したラプラプ市出身の女性リーダー 6 名は，セブ州の地域 NGO（女性団体である Lihok Pilipina，法的サービスを提供する Law Inc.，ELAC および FORGE）のプロジェクト・コーディネーター，地域マネジャーまたは当該事務所のマネジャーであり，うち 1 名は同国の農業関連 NGO（PHILDRRA）の運用管理者である．2 回目の FGD セッションに参加した 5 名は FORGE のリーダーである．これはバランガイ・バサクで売春に従事した女性や虐待を受けた女性を対象とする都市部の救済プログラムであり，子供の教育援助活動も行っている．3 回目の FGD はバランガイ・ダングラグおよびバランガイ・マグイカイからの参加者が合同で行い，彼女たちもそれぞれの都市部コミュニティにおける女性リーダーである．4 回目の FGD に参加した女性たちはロアイ町のバランガイ・ビヤリンピアの出身であり，選挙で選出されバランガイの評議員（councilor）を務めている 1 人を除き，バランガイの医療従事者（BHW）に任命されている．

ラプラプ市のバランガイ・バサクおよびマンダウエ市のバランガイ・マグイカイの女性リーダーたちは非正規居住者（informal settler）の多い都市部に暮らしている．バランガイ・ダングラグの参加者たちは，新しい再定住地において土地を所有している（2012 年に取得）．バランガイ・ビヤリンピアは，ボホール州のロアイ町にある地方沿岸コミュニティである．

FGD および調査票（言語はほとんどの場合セブアノ語が使用された）では，同

じ内容の11の質問を提示した．このうち4つは女性のエンパワーメントに関するものであり，7つはリーダーシップに関するものである．ここでは，エンパワーメントについての以下の4つの質問に関連した回答に焦点を当てる．
① *女性のエンパワーメントについて聞いたことがありますか．*
② *女性のエンパワーメントとは何を意味していると思いますか．*
③ *自分のことを，社会的な力をもった（「empowered」）女性だと思いますか．*
④ *女性のエンパワーメントにおいて課題・障壁となるのは何だと思いますか．*

7.3.2　女性のエンパワーメントおよびそれを達成するうえでの課題・障壁に関する意見

質問①および③への回答では，参加した女性リーダーの全員が女性のエンパワーメントについて聞いたことがあるだけでなく，それについて学んでおり，知識があると答えた．またバランガイ・ダングラグおよびバランガイ・マグイカイからFGDに参加した4名を除いた全員が，自分のことを社会的な力をもった女性だと考えていた．

ラプラプ市のNGOリーダー5名で構成された1回目のFGDのグループでは，エンパワーメントとは「文化，社会，経済，政治および教育の境界を越えた解放であり，他人を傷つけることなく，自分に最も適した日常の意思決定プロセスに反映すること」と同意義である，と強調された．女性は自らについての決断を下すことができ，夫との性交を断ることもでき，自分たちに影響を与える事柄に関わり，意見を表明することができる．エンパワーメントには，自分に関わるもの，家族やコミュニティに関わるものなど，複数のレベルが存在する．

文化や社会における行動規範は，意思決定において重要な影響を及ぼす．女性の「他者優先（other-orientedness）」という資質が，彼女たちから力を奪う要因となっている．通常，一般女性は自分自身の夢を語る代わりに，子どもや家族のための夢に関心を集中させる．そしていつも，自身の夢は後にまわしてしまうのである．

ラプラプのバランガイ・バサクの女性リーダーは，女性のエンパワーメントの意味について，個人や女性全体の視点から女性の権利を知ることや，妻の視点から見た暴力や虐待に関連付けて議論した．女性のエンパワーメントとは，未亡人や妻が経済的に独立することであり，これは彼女たちが独力または夫と協力して家庭に収入をもたらす（たとえば洗濯サービスを行うなどして）ということである．それはまた，女性がより女性らしくあることであり，意気軒昂として自分たちが1人でも，また家族としてもやっていけるのだと示すことでもある．そしてそれは同時に，家族の関係を壊さずにいられるように，子どもたちが哀れな状況におかれないように，周囲との相互理解を深めることでもある．

バランガイ・バサクの女性リーダーの討論では，女性のエンパワーメントの障壁として，子ども（女性の関心の50％は子どもが必要とすることに向けられ，自分の個人的なニーズに向けられる関心は残りの50％）や夫（愛情や同情のせいで，女性は夫のために自分の感情を犠牲にしてしまう）を優先することなど，家族に関する事柄が大半を占めた．経済的問題（女性には収入がなく，家族を養っていくことができない）についても議論された．裁判になった場合，法廷での訴訟も女性のエンパワーメントの障壁になりうる点であると指摘された．

バランガイ・マグクアイおよびバランガイ・ダングラグの女性リーダーは，女性のエンパワーメントは良いことで女性の権利に関することであり，女性たちが立ち上がり，考えを共有し，周りから尊重され，またジェンダー間の平等を享受して自分の身を守ることを可能とし，夫から暴力や虐待を受けずにいることと関連するものである，とした．それはより強くなること，つまり夫との離別や夫を監獄に送ることも辞さず，また同様の虐待を受けているほかの女性たちを助け，彼女たちに女性の権利（公務員になる権利，公的サービスを受けることができる権利），および妻の権利―夫の収入に対して妻も権利があるのだということなど―を説明できるほどに強くなることである．女性のエンパワーメントは，女性に関する法律に詳しくなり，また自分たちや他人の世界についての理解を広げることを意味する．

これらの女性は，自らが女性のエンパワーメントに対する障壁なのだと指摘した．すなわち，夫や家族を愛し，また妻としては夫を恐れ，離別を恐れ，家庭を壊すことを恐れることが，虐待を受けているにもかかわらず現状にとどまり，一歩踏み出せない原因となっているのである．また妻を心理的に脅迫したり，女性の権利を知ることで妻がより強くなることを恐れ，妻に様々なグループの活動に参加することを許可しない夫も，女性のエンパワーメントに対する障壁であるとした．その他の要因としては，経済的理由，すなわち，女性たちが経済的に自立できないこと，教育や技術をもたないこと，そして周囲の環境が協力的でないことなどが話し合われた.

最後に，ロアイ町のバランガイ・ビヤリンピアの女性リーダーは，女性のエンパワーメントは家庭およびコミュニティにおける（未亡人や独身女性も含めた）女性の権利と力のことだと指摘した．つまり，家庭においては家族の食事の世話をし，有能な母親であり，子どもをしつける能力をもち，また自分と家族のために戦うことができること，またコミュニティでは様々な活動に参加し，意見やアイデア，見解を表明し，有能なリーダーとなり，知識（例えば女性とその子どもに対する暴力禁止法（RA9262）などについての知識）を共有することができる，ということである．参加者のうち1人は，女性のエンパワーメントという言葉についてはあまり知識がないと述べ，男性の方が仕事も責任も多く与えられているのだから，女性が脇役的な立場にあることも理解できるとした．しかしその他のすべての参加者は，女性のエンパワーメントとは男性と女性が平等であることだとした.

障壁となるものは，女性を弱者とみなしたり，力と能力をもつのは男性のみであるから仕事や責任は男性に与えるべきだ，とする社会の考え方である．参加者たちは女性であるがゆえに他人の理解を得る上で多くの問題にぶつかり，女性として様々な事柄に自分を合わせていかなければならないと報告した．また自分たちについて他人が何をいうか，いじめにあうことはないか，自分たちの考え方が受け入れられなかったり，拒絶されたり，無視されたりしないか心配だとも語った．女性からの反対意見を受けることもあるが，それよりも，力をもった女性は自分たちのことばかり考えすぎると思っている男性からの反対を受けることの方が圧倒的に多いのである.

7.4 考察と結論

フィールド調査の結果は，女性リーダーたちが議論した女性のエンパワーメントの意味と障壁が複雑かつ多面的なものであり，複数のレベルに及ぶものであり，何より各状況によって変わるものであることを示している．これは女性リーダーが自分たちおよびその家族，属するグループやコミュニティにおいて体験した女性のエンパワーメントの様々な側面や，また仕事や個人的な状況によって影響される側面に焦点を当てて議論した結果である.

NGOに属する女性リーダーは，女性のエンパワーメントをより幅広く定義し，概観した．つまり，「文化，社会，経済，政治および教育の境界を越えた解放であり，他人を傷つけることなく，自分に最も適した日常の意思決定プロセスに反映すること」ということである．また彼女たちは，女性のエンパワーメントとは多面的でかつ複数のレベルにまたがるものであり，文化や社会的規範の中にその障壁となるものがあると認識した．

バランガイ・バサクの女性リーダーは，女性のエンパワーメントとは女性が個人として，妻として，未亡人として，そして家族のための収入を得る独立した存在として女性の権利を理解することだと定義した．障壁としては，家族や夫に関連する要因，経済的問題，そして訴訟問題が挙げられた．

バランガイ・マグイカイおよびバランガイ・ダングラグのグループでは，女性のエンパワーメントとは，知ること，主張すること，女性，妻，公務員，また公的サービスの受け手としての自らの権利のために立ち上がることを意味した．それはまたジェンダーの平等を享受し，自分や他人の世界について幅広く理解することも含まれる．自分たちのエンパワーメントの障壁としては，女性たち自身（夫に対する愛情や恐怖，また家庭を壊すことに対する恐怖），夫，経済的理由，教育や技術の欠如や女性のエンパワーメントを可能とする環境の欠如が挙げられた．

バランガイ・ビヤリンピアのグループでは，女性のエンパワーメントとは有能な母親になることであり，また家庭やコミュニティにおける供給者およびリーダーとなるための（未亡人，独身女性を含む）女性の権利と力を意味する，とされた．一部の参加者にとっては，女性のエンパワーメントとは男性と女性が同等である，ということであった．障壁としては，同じコミュニティに暮らす人々が女性リーダーを，弱くうぬぼれており，自分たちのことばかり考える自己中心的な存在だと感じ，そう評するのではないか，という懸念などが挙げられた．

本調査への参加者たちが表明した「女性のエンパワーメント」の多様な定義は，5年ごとに実施されるフィリピン国民人口動態健康調査（NDHS：Philippine National Demographic and Health Survey）の内容をより多面化するのに役立つ．2013年に実施したNDHSでは，女性のエンパワーメントに関して，雇用，所得の種類，現金および所得に対する管理権，資本の所有，移動の自由，意思決定への参加，そして「夫による妻の虐待」に対する態度，が調査対象となった．

フィリピンは，ジェンダー主流化（gender mainstreaming）や関連法令の制定

(例えば女性のマグナ・カルタ（Magna Carta of Women）や女性に対する暴力防止法など）など，世界でも最もジェンダーギャップが小さく，進歩的な10か国に数えられている．しかし，ジェンダー不平等指数やジェンダーエンパワーメント指数のようなその他の指標を見ると，同国がジェンダー間の平等や女性のエンパワーメントを実現するためにさらに努力していかねばならない現状が浮き彫りになる．

本調査における女性リーダーの意見により，エンパワーメントや男女平等を実現するためには，これらの問題への参画，支援をさらに強化する必要があることが確認された．また，女性リーダーが共有した女性のエンパワーメントについての見解は，彼女たちが実際にその学習プロセスに携わっていること，自分たちの内面や家庭，コミュニティ，そして社会の様々なレベルにおいて，経済，政治，人間関係，家族，法律，社会文化といった多様な側面で自らの生き方を主張していることの証左に他ならない．

女性リーダーの継続的かつ活発なエンパワーメントへのプロセスは，各自の「個人的，地域的に限定された状況」（Sutton-Brown）によって，他コミュニティの女性リーダーと似たものである場合もあれば，異なったものになる場合もある．これは，個々の状況に沿う形でジェンダー間の平等や女性のエンパワーメントを推進する取組みを採択する政策の参考になるだろう．

彼女たちはエンパワーメントへの歩みを進める中で，同時に各自の仕事を通じて他のSDGs目標の達成に向けた活動にも積極的に関わっている．NGOのリーダーは，法的サービスの提供（ここには虐待を受けた女性に関するものも含まれる）や，貧困と戦い生活向上を目指す女性（都市部および地方の女性，および農業従事者を含む）の支援に携っている．バランガイ・バサクの女性リーダーは，売春業に従事した女性および虐待を受けた女性を対象とする都市部のコミュニティの救済プログラムや，子どもへの教育支援活動に関わっている．バランガイ・マグイカイおよびバランガイ・ダングラグの女性たちは，非正規居住者および再定住者たちにとって住みよいコミュニティ（enabling communities）の醸成に取り組んでいる．バランガイ・ビヤリンピアの女性リーダーたちはバランガイの医療従事者として沿岸コミュニティ住民の健康状態や生活の改善を支援しており，うち1人はコミュニティのリーダーに選出されている．

女性のエンパワーメントについてはさらなる調査と支援が必要であり，またそこに女性たち自身が関与するよう推進することがとくに重要である．これは，女性のエンパワーメントが権利，および公正な社会に関することだからである (OECD, 2012)．「女性および女児の人権の推進，尊重は正義 (justice) に関わる問題である．その達成自体を目的とすべきであり，また公正かつ持続的な開発，繁栄，民主社会および平和を達成するために不可欠なものである」(ODI, 2015)．

フォーカスグループによる討議 (FGD) に参加したすべての女性リーダーおよび FDG の円滑な実行を可能としてくれたルチエ・アルマグロ・ブランコ (Luchie Almagro-Blanco)，アニー・アボガ・マンザーノ (Annie Aboga-Manzano)，アニータ・ペレス・エバシタス (Anita Perez-Ebasitas)，そして イヴリン・ソリデオ (Evelyn Solideo) に心からの感謝を捧げる．

参 考 文 献

1) Bennett, Lynn.：Using Empowerment and Social Inclusion for Pro-Poor Growth：A Theory of Social Change, Working Draft of Background Paper for Social Development Strategy Paper. World Bank, Washington, DC 2002
2) Connell, Helen：High-level Event on Women's Empowerment and Sustainable Development, Overseas Development Institute, London, 2015
3) Desai, Manisha：Hope in Hard Times：Women's Empowerment and Human Development, UNDP Report. See Grown 2008 in Desai (2010), 2010
4) European Parliament：Women's rights & gender equality, Directorate General For Internal Policies, Policy Department C：Citizens' Rights and Constitutional Affairs, 2016
5) Narayan, Deepa (ed)：Empowerment and Poverty Reduction：A Source book, World Bank, Washington D.C, 2002
6) Malhotra, Anju, Sidney Ruth Schuler and Carol Boender：Measuring Women's Empowerment as a Variable in International Development, Paper commissioned by the Gender and Development Group of the World Bank, 2002
7) OECD：Women's economic empowerment, The OECD DAC Network on Gender Equality (GENDERNET), 2012
8) Page, Nanette and Czuba, Cheryl E.："Empowerment, What is it?" *Journal of Extension*, Volume 37, Number 5, October, 1999
9) Stevens, Candice：Are Women the Key to Sustainable Development? Sustainable Development Insights, The Frederick S. Pardee Center for the

Study of the Longer-Range Future, Boston University, 2010

10) Sutton-Brown, Camille：Women's Empowerment in the Context of Microfinance：A Photovoice Study, 2011

11) United Nations Economic and Social Commission for Asia and the Pacific：Empowering Women Economically：Illustrative Cases from Asia, 2013

12) United Nations：The Millennium Development Goals Report, 2015

13) UN Women：Women and sustainable development goals, 2015
In https://sustainabledevelopment.un.org/content/documents/2322UN%20Women%20Analysis%20on%20Women%20and%20SDGs.pdf

14) UN Women and UN Global Compact：Women's Empowerment Principles, 2011
In http://www.unwomen.org/-/media/headquarters/attachments/sections/library/publications/2011/10/women-s-empowerment-principles_en%20pdf.pdf?vs=1504

8. 社会的保護・社会保障とSDGs

—拡大する社会的保護—

8.1 はじめに—社会的保護の拡大—

2014年に国際労働機関（ILO）が発表した「World Social Protection Report」[1)]によれば，今日ではすべての国家が何らかの社会保障制度を有するようになった．労災給付，高齢者，障害者，遺族への給付（年金）は，ほとんどすべての国で法定制度として整備され，疾病給付や出産給付はおよそ8割の国で整備されている．しかし，失業時の何らかの給付や，子どもや家庭への給付制度を有する国は半分程度にとどまっている．また，児童，高齢者の所得保障，稼働年齢層の失業，疾病，障害，死亡，出産時の生活リスクに対応し，全世代を包含する医療保障を備えた包括的な社会保障システムにカバーされている人口は，全世界で27%にとどまっている．一部の領域にしか対応していないきわめて限定された保障制度の提

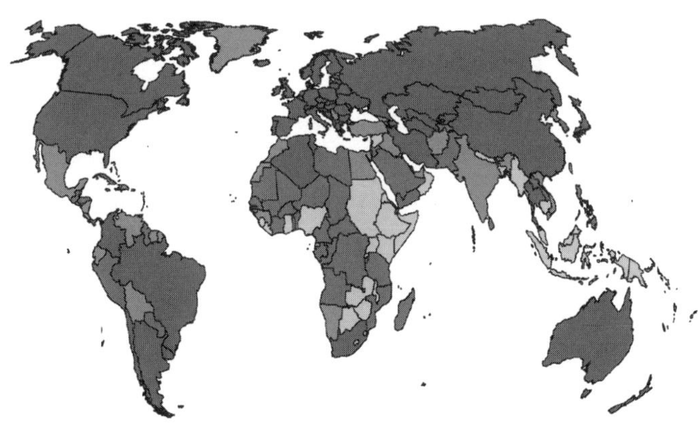

図8.1　社会保障制度によるカバーの範囲（2012年）
（出典：ILO，2014，p.3）

図注　8つの領域（疾病給付，失業給付，老齢給付，労災補償給付，児童・家族給付，出産給付，障害給付，遺族給付）のうち対応している領域の数によって色分けしている．最も濃い部分はすべての領域に対応しているが，最も色の薄い部分は4つ以下の領域にしか対応していないきわめて限定的な保障制度であることを表している．

表 8.1　地域別 GDP に占める公的社会支出割合および医療カバー率

	GDP に占める公的社会支出割合[1]						医療カバー率[2]
年	1990	1995	2000	2005	2009[3]	2010-11	
アフリカ	2.7	2.8	3.7	4.3	5.4	5.1	24.7
北アフリカ	4.2	4.3	5.9	6.4	9.5	9.0	—
サブサハラ・アフリカ	2.4	2.5	3.2	3.8	4.4	4.2	—
アジア・大洋州	3.4	2.8	3.5	3.0	5.3	5.3	58.0
中東	4.9	5.2	6.6	7.6	8.8	8.7	72.9
西ヨーロッパ	20.9	23.6	23.3	24.8	27.2	26.7	99.7
中欧・東欧	12.8	15.5	14.6	16.6	19.7	17.6	91.6
中南米	8.0	9.6	10.2	11.4	13.6	13.2	81.7
北米	14.0	15.8	14.7	16.1	19.2	19.4	85.6
世界	5.8	6.0	6.5	6.7	8.8	8.6	61.1

（出典：ILO，2014 から筆者作成）

[1] 公的社会保護支出および保健医療支出の合計（%）
[2] 人口に占める保健医療サービスのカバー率（推計）（%）
[3] 世界金融不況直後に社会支出が縮小したことを示すため 2009 年のデータも示した．

供に留まっている国々は，アフリカ（サブサハラ）と東南アジアに集中している（図 8.1 参照）．さらに，法定制度が整備されても，人口の一部をカバーするにとどまっていることも多い．社会的保護/社会保障を受ける権利は，基本的人権の 1 つとして国際社会の共通理解とされてきたが，発展途上国では制度的対応は未だ限定的で，制度整備の初期段階にある．

しかし，21 世紀に入って，各国の経済に占める社会支出の割合は拡大している．最も社会支出割合の低いアジア太平洋，アフリカ（全体）では 5% を超えるようになった（表 8.1 参照）．何らかの公的支援や給付を受けて医療サービスを受けることができる人口の割合も，アフリカではまだ 24.7% にとどまっているが，世界全体で 6 割を超えている．持続可能な開発に向けて，社会的保護・社会保障の意義やこれらを推し進める社会政策の重要性は高まりを見せているといえるだろう．

8.2　MDGs から SDGs へ—社会的保護への着目—

8.2.1　ポスト MDGs と 100 万の声

「極度の貧困と飢餓の撲滅」や「普遍的な初等教育の達成」，「ジェンダー平等の推進と女性の地位向上」,「乳幼児死亡率の削減」,「妊産婦の健康の改善」,「HIV/エイズ,マラリア,その他の疾病のまん延防止」などの８つの目標を掲げたミレニアム開発目標 MDGs は,貧困率の削減（推定で 10 億人以上の人々の貧困からの脱出),初等教育の就学率向上（開発地域で 91%),乳幼児死亡率・妊産婦死亡率の半減などの一定の成果を得て 2015 年に SDGs にバトンを渡した.

MDGs が国際社会の支援により,人間が生きるために必要な絶対的な水準の確保を達成することを主眼においたのに対し,SDGs はすべての人々に持続可能な世界を構築することを目指したアジェンダとなった.なかでも,誰も置き去りにしない「人間中心型」の考え方をベースとしていること,各国の国情や開発水準の差異を考慮に入れながらも,すべての国や地域に適用させることが特徴的である.すなわち,これまでの国境を超えた「援助の枠組」ではなく,「自らの問題」として国際社会が普遍的かつ主体的に取り組む共通の目標となったといえる.

MDGs は多くの分野で確かな進捗を示したが,同時に都市部と農村部の格差や貧富の差の拡大などの新たな課題が浮彫りとなってきた.それは,SDGs 策定に向けて,国連開発グループが持続可能な未来の共通項を探るために主に貧困地域に住む 100 万人以上の人びとの声をまとめた『100 万の声：私たちの求める世界』[2] にも現れている.報告書によれば,貧困や飢餓の撲滅が資源や技術の開発により一定程度可能になった現在もなお,多くの人が未だに容認しがたい貧困の中に生きており,拡大する不平等と不安定に関する不公正・不公平感への怒りをつのらせている.集められた声からは,貧困,女性・少女,農村部や都市スラムの居住者,障害者,先住民族,移民,強制移住者,さらには宗教・民族・性的志向などに関するマイノリティの人びとなど,権力や意思決定により遠いところにある人たちが社会的に排除されていることに人びとがより自覚的になっていること,経済成長の果実が公正に分配されるような統治を求めていることがわかる.そこで,SDGs はアジェンダ達成のための取組みにあたって,こうした新たな課題への対応を明確にした.その軸となる考え方は,経済成長,社会的包摂,環境保護の３つの要素を調和させることである.格差が容認できないレベルに拡大すれば,新たな紛争や対立,そして貧困などの諸問題が生み出される.そうならずに,発展（開発）を持続可能なものとするためには,発展がすべての人に公平・包摂的であることが欠かせない.それには社会的包摂の考え方を経済成長に組み込む必要がある.そこで,経済的不平等や社会的排除の問題に直接介入し,積極的に是正しようとする社会的保護・社会保障や社会政策が重要となる.

8.2.2 社会的保護の土台

こうした MDGs から SDGs への一連の流れに沿うように，国連では 2009 年以降,「社会的保護の土台（床）Social Protection Floor」イニシアティブを展開している．これは，各国の社会保障システムの土台となる普遍的かつ最優先で整備すべき制度を指したものである．2000 年代前半から，社会的保護の必要性が全世界共有のものとして認識され始めていた．そして 2008 年の世界金融危機がきっかけの 1 つとなって，2009 年に国連イニシアティブとして発表された．金融危機によって，地域を問わず失業や保健医療や教育などが危機的な状況に陥り[3)]，経済格差と貧困がより一層深刻になることが懸念される中で，貧困の激化を直接的・間接的に防止する社会的保護の必要性が強く認識されたからである.

社会的保護の土台は，国際人権規約（A 規約，社会権規約）に示された経済的,社会的権利や社会保障を受ける権利の理念の実現を図るための道筋を示したものということもできる．この土台は，危機的状況に陥らないための最低限度の基礎サービスの供給と資源の社会的移転の 2 つの要素で構成される．言い換えれば,ごく基礎的な経済・社会・生活に必須のインフラの整備と，集中する富の社会内再分配を図ることを土台として据えたものといえる.

WHO とともにイニシアティブの主導機関とされた ILO では，この社会的保護の土台構築を世界レベルで推進する「社会保障適用拡大世界キャンペーン」を展開している．その戦略として，ILO は，社会保障システムの基礎として社会保障の土台を築き・維持すること（水平軸）と，できるだけ多くの人により高い水準の社会保障を確保するために漸進的に社会保障を拡大していくための戦略を推し進めること（垂直軸）の 2 つの軸を示し，社会保障制度の整備を，緊急性・必要性の高いものから将来的に整備されればよいものへと段階別に整理した．そして,最も緊急性・必要性の高い「土台」となる部分に，すべての人に対する最低限度の必要保証として保健医療，基礎所得の保障を据えた．この「土台」は，具体的には（1）周産期医療を含めた必要不可欠な医療，(2）子どもが十分な栄養，教育，養護，その他の必要物資・サービスを得られるだけの基礎所得保障，(3）とくに疾病，失業，出産，障害等により十分な収入を得ることができない成人への基礎所得保障，(4）高齢者への基礎所得保障，で構成される．そして，戦略はこ

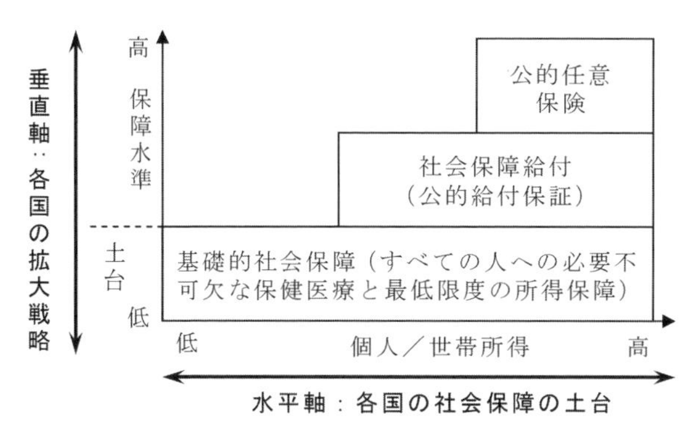

図 8.2　社会的保護の土台（出典：ILO，2012）

の上に 2 つの層を付け加える．第二層は，負担能力に応じた強制的社会保険制度，第三層はより手厚い保障を提供する任意加入の保険制度である（図 8.2）[4]．

この戦略の意義は次の点にある．第一に，段階的に整備していくという漸進性をもたせたことで，開発段階を問わずに適用できる点である．これまでの近代化を前提とした社会保障制度構築という固定観念にとらわれず，適用可能性を広げることができる．第二に，社会保障の発展・展開の歴史を見ると，多くの社会保障制度は，人びとの生活や所得を保障するという本来の社会保障の目的以外の理由（特権集団の擁護，労働力確保，戦意高揚，戦費調達等）で導入されてきた．こうした目的からそれた制度整備は，最も保護を必要とする人びとをカバーできないことが多い．したがって，社会保障制度の整備の段階とその優先順位を示したという点でこの「戦略」の意味は大きい．第三に，ILO は戦略策定に先立って（2008 年），発展途上国 12 か国の事例を検証し，いずれの国でも土台の構築にかかる費用は GDP の 2.2 から 5.7％程度に相当し，十分負担可能であるとの試算結果を示している．さらに，漸進性や各国の事情に応じた多様性を認め，手段やプロセスを問わず多様な資源の活用を奨励するなどの柔軟性があるという点で，実効性も追求する建設的な指針であることである．

8.2.3　SDGs と社会的保護の土台

SDGs では，拡大する一方の経済格差と残された貧困を解決することを目指し，社会的保護・社会政策の要素を取り入れたアジェンダが多く取り入れられた．そこで，まず，社会的保護の土台の枠組をベースに SDGs の 17 の目標（ゴール）がもつ社会的保護・社会政策の要素について確認しておくこととしたい.

まず, 土台である (1) 周産期医療を含めた必要不可欠な保健医療は, 目標 3 (あらゆる年齢のすべての人々の健康的な生活を確保し, 福祉を推進する) にほぼ重なる. 土台の (2) から (4) の基礎所得の保障は, 目標 1 (あらゆる場所で, あらゆる形態の貧困に終止符を打つ) および目標 10 (国内および国家間の不平等を是正する) に重なる. さらに, 個別には, (b) 子どもが十分な栄養, 教育, 養護, その他の必要物資・サービスを得られるだけの基礎所得保障は, 目標 4 (すべての人々に包摂的かつ公平で質の高い教育を提供し, 生涯学習の機会を促進する) に, 土台の (3) とくに疾病, 失業, 出産, 障害等により十分な収入を得ることができない成人への基礎所得保障は, 目標 8 (すべての人々のための持続的, 包摂的かつ持続可能な経済成長, 生産的な完全雇用およびディーセント・ワークを推進する) に結び付いている.

また, ILO が示した社会的保護の土台は再分配による所得保障を軸としているが, もう 1 つの軸である基礎的サービス供給も含めて検討すればさらに包含する目標は多くなる. 社会政策は生活困窮者対策として税を財源として実施する所得の垂直的な再分配, 障害や疾病, 児童期, 高齢期, 構造的失業の生活上の不安定に対する所得の水平的再分配, さらに, 子どもや高齢者, 病人などに対するケアサービスを提供する. これらの行為を通じて, 経済的格差の是正と人びとの安定した生活を保障しようとする. したがって, 目標のいずれもが社会的保護と何らかの結びつきをもつと考えることも可能であろう.

社会的保護や社会保障は, 長い間, 開発援助や開発地域における取組みとは縁遠いものとされてきた (Hall & Midgley 2004, Ellis, Devereux & White 2009, Patel, Midgley & Ulriksen 2013, Surender, Walker 2013, Midgley 2013 ほか[5)]). しかし, SDGs が掲げる目標に向けて, これまでの主に経済開発, ハードインフラの整備を中心とした既存の取組みだけでなく, 開発地域においても社会的保護や社会保障あるいはこれを実施していく社会政策が必要となっているといえるだろう.

8.3　社会的保護と社会保障—日本における展開—

8.3.1　社会的保護と社会保障

社会的保護や社会保障は，社会の統合を目指して公正な再分配と社会的排除への取組みを行う諸活動とそのシステムである．一般的に，社会的保護は，経済的な窮乏に伴うニードから乳児や高齢者，障害のある人の世話のニードを満たすことまで，人の生活上の多種多様な必要性を満たすことを目指して行われる行為を指して用いられることが多いのに対して，社会保障は原則として一国等を単位として生存権（社会権）の保障を目的として国民に普遍的に適用される制度体系を指して用いられる[6]．具体的には，社会的保護は，政府やNGO，市民団体といったフォーマルな団体による集合的行為を指して用いられることが多い．また，発展途上国における取組みで一般的に用いられ，先進諸国においては，例外的な必要性に対する救済的取組みの文脈で用いられることが多い．例えば，OECDでは，「社会的保護は，通常，所得補助または高齢者への特別扶助，一時的または永久的な労働市場からの退出，疾病または障害，家庭の困難な状況，劣悪な住宅環境，またはその他の貧困または不安定に関連する事例をカバーする．これらの領域は，公的機関や規制を通じて，政府の政策によって対象となることがある．すなわち，社会的保護は，社会が集合的に担うことを決定し，そのために築き上げた規制や制度を通じた，個人の保護の共有である．」と説明している（OECD, 2001：9）．

8.3.2　日本の社会保障制度の特徴

いわゆる先進諸国では，近代社会の成立と産業資本主義の形成や発展を経て，「社会保障」制度を発達させてきた．近代化や産業資本主義化が比較的遅れて進んだ日本では，後発性や戦争・戦後処理などのユニークな環境要因が働き，先進諸国内でも独特で緻密に整備された社会保障システムをつくり上げている．例えば，企業による雇用保障に依存し（企業福祉），労働保障の開始が遅かった点や，家庭内労働力を前提にした片働き型の世帯をベースとした保障単位の設定をしている点が特徴的である．このため，21世紀の社会変化や人口構造の変動に追い付いていない部分もあるが，一方ですべての住民に年金と医療を保障する国民皆保険・皆年金を成立させ，1961年にスタートさせたことは重要である．とりわけ，職域ごとの健康保険と市町村が保険者となる国民健康保険を組み合わせた，日本全国をカバーする医療保障制度は，複合的でかつ包括的な世界でも類を見ない制度をつくり上げている．基礎自治体をベースとした社会保険の運営が地域保健と相互に補完しあい，地域ベースの医療保障をある程度確立させていることは注目に値する．実際には限界も多く，超高齢化の進行や小規模自治体の財政脆弱性のために多くの自治体は国民健康保険の運営危機に直面し，最終的に保険者は広域自治体（都道府県）へ移行することとなった．しかし，初期の成立過程がもつ可能性はこれから制度の導入・構築を図る場合に示唆的であり，市町村単位の保険運営を含む医療保障の優位性についてここで説明することは，十分価値あることと考える．

8.3.3　日本における医療保険制度の生成と展開

a.　定礼：国民健康保険制度の萌芽となった医療互助組合

現在の日本の医療保障は，職域ごとの被用者保険を各市町村が運営する市町村国民健康保険と生活保護による医療扶助で補完し，すべての住民が何らかの健康保険制度に加入することを確保している．医療機関は公営や民営が混在するが，診療報酬は診療行為ごとに設定された全国一律の点数制度で計算され，保険診療は全国どこでも原則同じ費用で受けることができる．

医療保険の公的制度化は，1922（大正 11）年の健康保険法の公布に始まる．さかのぼって 1905（明治 38）年には，すでに鐘紡共済組合，八幡製鉄所職工共済会が設立され，その後，企業ベースの共済組合制度が個別に発達していった．これが 1920 年の恐慌をきっかけとした労働争議の激化の中で，労使協調を目的として法定化された．当初工場法・鉱業法適用対象労働者を対象とした制度は，徐々にホワイトカラーに拡大されていった．一方，国民健康保険法は 1938（昭和 13）年に困窮する農山漁村地区の住民の医療費負担を図るために導入された．当初は市町村を単位とした任意設立の組合による運営を前提とし，設立団体は少なかったが，やがて戦時体制下で健民健兵施策として利用され普及していった．市町村を単位とした組合方式による運営を採用した理由は，地区単位では当時「相当に濃厚」であった隣保相扶や郷土的団結を基調とした円滑な事業運営を図ることができること，市町村組織の活用と組合方式による柔軟性などがあげられている[7]．

この国民健康保険制度のモデルの１つとなったのが，現在の福岡県福津市周辺で行われていた「定礼（じょうれい）（または常礼）」である．困窮していた農村で医者を確保するために，村民が資力（貧富の差）に応じて米を出し合い，診療未収を防ぎ，医者に一定の定期的な収入（定礼）を約束した医療互助組合に相当する制度である．1830 年代（天保期）に始まり，1935（昭和 10）年には全国に 24 の定礼地区が形成されていたという記録が残っている．さらに，1899（明治 32）年には 2 つの無医村地区が共同で「神興共立病院」を建設した[8]．こうした医療互助組合は，農村における国民健康保険の運営可能性を確信させたきっかけとなり，また上からの強制や指導ではなく，地域住民の差し迫った必要性から生まれた自発的・自治的な組織として高く評価され続けた[9]．

b. 岩手県沢内村：高齢者医療費無料化と地域保健の推進

第 2 次世界大戦後，国民健康保険制度は，極度のインフレのために一時破たんする．医療機関は自由診療を拡大し，保険診療の割合が 3 割を切るほどまでに制度が形骸化し，保険運営が困難な状況に陥った．そこで，1948 年には組合方式から市町村公営へ切り替え，さらに任意加入・任意設立から任意設立・強制加入へと転換させ，さらに 1951 年には保険料を税として徴収することができる国民健康保険税方式も導入し，安定な経営基盤を確保していった．

このように国民健康保険制度が整備されていく一方，給付水準（償還率）は医療費の 5 割にとどまっていた．高度経済成長からとり残された貧しい農村部では，保険があっても医療費を負担できない住民を多く抱えていた．また無医村状態の村も多く，死亡率は高くとどまっていた．ところが，深刻な窮乏状態にあった岩手県沢内村（当時．現在の西湯田町）では，老人および乳児の医療費の無料化を図り，同時に村民の健康管理を進め，村の再生を図ったと評価されている．

1955 年の岩手県沢内村は，岩手県内所得最下位，生活保護受給者が 1 割を超え，乳児死亡率が 69 人（人口千人あたり）に上っていた．さらに深い豪雪のために冬季は数か月にわたって隣接する村との通行が不可能になり，無医村状態も続いていた．これを当時の深沢晨雄村長が，1960 年に乳児と高齢者の医療費無料化（国保十割給付）を図り，1962 年には日本で初めて市町村の乳幼児死亡率ゼロを達成し，その後も断続的に続けた．国民健康保険会計は 1963 年から伸び率がマイナスになり，1979 年に黒字に転換した．このエピソードは医療費無料化ばかりがクローズアップされることが多いが，それ以外の様々な工夫があって成し遂げられた．まず，冬季の道路除雪を確保した．国保病院の副院長に村の健康管理課長を兼任させ，健康管理課には保健師を増配し，徹底的な家庭調査に基づく村民全員の健康台帳の設置を実施した．さらに，保健委員組織を設置し，村民の代表者を任命し定期的に報告会を行った．婦人会が結成され，保健学習を中心とした婦人学級の実施を進めた．また，村内機関・団体・地区代表者で構成される地域保健調査会で村民の保健ニーズを吸い上げ，人間ドックの早期導入などを実現させた．そのほか，全予防接種の無料化，結核患者・精神病患者・母子家庭・重症重度心身障害者の医療費無料化，分娩・火葬の全額村負担，各種検診費用負担，患者無料送迎バス，往診料定額化など，医療費に関連する費用の村民負担の軽減を図ることで，最終的に保険運営も黒字転換させ，まさに豪雪・貧困・多病の村を再生させたということができるだろう[10]．沢内村の成功は，村長ら行政側のリーダーシップに負う部分が大きいし，医療費無料にとどまらないきめ細かな関連制度の整備が不可欠であった．しかし，医療費の負担を共有していることが，村民全体の自己管理意識や健康推進意識を刺激し，生活を変えていった．一方的な援助ではなく，社会内での費用やリスクを分散し共有させることが重要であり，それが小さな基礎自治体や地区で実施されることの意義を示している．

8.4　お　わ　り　に

本章では，SDGs と社会的保護・社会保障の関係について説明し，さらにこれから制度の整備を図る開発段階において示唆的な日本の社会保障制度の事例を紹介した．発展途上国内の格差に人びとが自覚的になる中で，経済的不平等や社会的排除の問題に直接介入し，是正しようとする社会的保護・社会保障の重要性は増している．ILO の示す社会的保護の土台では，基礎的社会保障を普遍的に確保することを最優先にし，段階的に社会的保護の制度を整備していくことを奨励している．日本の事例は遅れて近代化を実現する中で，世界でもユニークで優れた制度体系を構築したという点で参考になる．本章では，工業化の進展していない地域への適用を想定して整備された国民健康保険制度について，その原型となった定礼と優れた発展を遂げた沢内村の事例を紹介した．社会保障制度，なかでも社会保険制度は全国単位の一律の制度として運営されることが多いが，小さな単位で自律的に運営を図ることで，単なる医療費のリスク分散にとどまらない健康水準の向上を図り，持続可能に展開することが可能であることを示している．

注と参考文献

1) ILO：World Social Protection Report 2014/15：Building economic recovery, inclusive development and social justice, International Labour Organization, 2014

2) United Nations Development Group：*A Million Voices: The World We Want*, 2013

3) 2009年から2010～11年にかけて世界各地域で社会支出が縮小したことは，表8.1からもわかる．

4) ILO：The Strategy of the International Labour Organization. *Social security for all: Building social protection floors and comprehensive social security systems*, International Labour Office, Social Security Department, 2012

5) Anthony Hall, James Midgley：*Social Policy for Development*, SAGE Publications, 2004

Frank Ellis, Stephen Devereux, Philip White：*Social Protection in Africa*, Edward Elgar, 2009

Leira Patel, James Midgley, Marianne Ulriksen：*Social Protection in Southern Africa*：*New Opportunities for Social Development*, Routledge, 2013

Rebecca Surender, Robert Walker：*Social Policy in a Developing World*, Edward Elgar, 2013

James Midgley；*Social Development*：*Theory and Practice*, SAGE Publications, 2013

6) 田多英範編著：世界はなぜ社会保障制度を創ったのか：主要9カ国の比較研究，ミネルヴァ書房，2014

7) 新田秀樹によれば，実際には，形式的に任意加入としながらも健民健兵政策による強制加入を目指しており，地縁に基づく相互監視による強制加入を期待したという．新田秀樹『国民健康保険の保険者』，信山社，2009

8) 福津市歴史資料室だより第2号，2010年3月発行
http://www.city-fukutsu.ed.jp/kyouiku/kofun/documents/02gou.pdf

9) 新田秀樹（2009年）

10) 菊池武雄：自分たちで生命を守った村，岩波新書，1968；太田祖電，増田　進，田中トシ，上坪　陽著：沢内村奮闘記，あけび書房，1983

9. すべての人に対する支援とSDGs
—不可欠な障害者支援，スリランカを事例に—

2000年に掲げられたミレニアム開発目標が達成できず，2015年に持続可能な開発目標（以下，SDGsという）が掲げられたことは，これまでの章で既に明記されているが，SDGs策定の背景には，「開発協力の恩恵を受けられなかった人」あるいは「開発協力から取り残された人々」がいて，ミレニアム開発目標策定時と同じような失敗をすることがないように対応したいという意味が含まれているともいえる．では，これまでの開発協力では，どのような人が取り残されていたのだろうか？　また，なぜ取り残されてしまったのだろうか？　どうしたら取り残される人々がいない，「すべての人」にいき渡らせる協力を行うことができるのだろうかをこの章で考えていきたい．

9.1　多数派は「普通」なのか

私たちの生活の中では，気づかないところで多くのものが多数派に合わせた環境になっている．例えば電車の自動改札機を見てみると，切符を入れるところや，SuicaやPASMOなどのカードをかざすところは入口の右側にある．これは右利きの人が多数派だからである．右利きからすれば当たり前の右側であるが，左利きからすると手を斜めにかざさなければならなかったり，利き手ではない右手に持ち替えたりしなければならなかったりする．慣れる人もいるだろうが，逆の状況をイメージしてみると非常に使い勝手が悪い．利き手だけで考えても，包丁やハサミ，パソコンのマウス，急須など，いろいろと気づかないところで右利きの人であることを前提に作られている物が多いことがわかる．利き手の違いだけであれば右手を使い「使い勝手が悪い」程度であるが，では右手が麻痺して使えない人，あるいは何らかの理由で右手がない人はどうだろうか？　車椅子を利用している人はどうだろうか？　仮に右利きであっても，背がとても低く改札機のカードをかざすところに届かない場合はどうすればいいのだろうか？　もし改札機の側面にもカードをかざすところがあったら，左側にもかざすところがあったら，多くの人にとって使い勝手のいい自動改札機になる．

別の例を考えてみよう．都心では今や当たり前のようにエレベーターが駅に設置されているが，なぜ以前と比べてエレベーターが増えたのかを考えたことはあるだろうか？　エレベーターが設置される前は皆階段を登り降りしていた．電車に乗る人の多数が歩ける人といった前提に基づいているためである．「歩けない人なら電車に乗って遠出まではしないだろう」といった思い込みがあったことが考えられる．意識的にそう考えてなかったとしても，無意識のうちにそう考えていたことになる．もちろん，車椅子を利用する人が電車に乗ることを拒むつもりはないのかもしれない．駅員が階段の登り降りを手伝うこともできる．しかし，車椅子を利用している人も様々な体型だったり，利用している車椅子の形態も様々だったりする．電動車椅子を利用していたらそれだけで重さは100キロ程度のものもあり，それに利用者の体重や荷物の重さも加わることになる．一体何人で階段の登り降りを手伝うことができるだろうか？　駅員が通常業務を離れて即座に対応することはできるのだろうか？　同時に2人以上の車椅子利用者が来たらどうなるだろうか？　エレベーターを設置することでこれらの疑問が解消され，車椅子を利用する人たちが自分たちのペースで移動することができるのである．驚くことに，エレベーターを設置して恩恵を受けたのは車椅子利用者だけではなかった．高齢者，足を怪我している人，大きな荷物を持っている人，ベビーカーを押している人，そして疲れていて階段を登り降りする元気がない人まで恩恵を受けることとなった．皆さんも，生活をする中で見たことはないだろうか？　電車から降りると一目散にエレベーターに向かっていく人たちを．階段を利用できない人に配慮した対応をすることで，「すべての人」が恩恵を受けることができるようになった一例である．

社会には様々な状況の人が存在する．多数派に合わせるのではなく，少数派が利用できるような環境にすることで，「すべての人」が利用できて恩恵を受けることにつながっているのである．

9.2　開発協力から取り残される人々

ある途上国（A国）で流行病が蔓延した．A国では流行病の蔓延を防ぐために予防接種を推進するための予算が足りなかったため，B国がドナーとなり流行病の予防接種を支援することになった．B国の医療従事者たちは予防接種を行うためA国に行った．A国では，病院のない地方の村に行き，「村の全員が無料で予防接種が受けられるので，中央広場の集会場に来て予防接種を受けてください」とポスターを貼って周知した．実際に予防接種をしてみたところ，村人の8割しか予防接種を受けておらず全員が来ていないことがわかった．では，残りの2割の人はなぜ来なかったのだろうか？

理由はいくつも思い浮かぶと思うが，一番の問題点は「宣伝がポスターを貼ることのみ」だったことである．途上国では教育を受けられていない人も多いため，字が読めるとは限らない．また，目が見えない人はポスターを読むこともできず，情報が入ってこない．周りの人たちが伝えたとしても，身体の不自由な人は集会場に行くことができないかもしれない．集会場に段差があったら車椅子利用者は予防接種会場までたどり着けないかもしれない．このように，村で予防接種の支援をするだけでも，どのようにしてすべての人が予防接種を受診できるようにするのか，多くのことに配慮する必要がある．

上記の例からもわかるように，目の見えない人や車椅子を利用している人といった障害者は，無意識のうちに開発協力から取り残されている．予防接種の告知がポスターではなく，村全体に流れる放送だったら目の見えない視覚障害者には情報が伝わるが，耳の聞こえない聴覚障害者には情報が届かない．SDGsでは「すべての人々」という文言が目立つ．すべての人々への支援には，このような「取り残される人」を作らないことである．MDGsで取り残されてしまった人の多くには障害者が含まれる．そのため，障害者を含む様々な人たちに寛容な多様な社会への配慮が必須となってくる．

障害は様々だ．目の見えない人，足の不自由な人，手の不自由な人といった目に見える障害の他に，耳の聞こえない人，精神的に不安定な人，脳の機能に障害があって人とのコミュニケーションがとても苦手な人といった，目に見えない障害のある人もいる．とくに目に見えない障害のある人の場合，途上国では何の障害かわからず，「おかしな人」というレッテルを貼られてしまっている場合もある．また障害のある人だけではなく，その家族も障害のある人と暮らしているというだけで，村やコミュニティの中で避けられてしまうこともあり，取り残されてしまう可能性もある．

9.3 障害と開発

9.3.1 国際的な潮流—障害者権利条約—

2006年12月に国連で「障害者の権利に関する条約（以下，障害者権利条約という）」が採択された．この条約は，障害者の人権や平等を確保することを目的とし，障害者にとって差別となる定義を明示し，条約を批准した国が対応しなければならないことを明示した国際的指針である．障害者権利条約は30年前から提案されていたものの，様々な理由から合意が得られることがなかった．しかしながら2001年9月に起きた米国の同時多発テロの影響でその必要性が改めて認識され，合意に至った．「国際テロリズムが世界の安定と経済発展に悪影響を及ぼし，テロを撲滅するためにもテロの温床となる貧困や社会的排除を取り除く努力が重要と認識され，その一環として障害者権利条約の策定が必要である」と当時のメキシコ大統領が提案したためである（長瀬 2008：100-101）．つまり，社会から取り残されてしまっている人には障害者が多く含まれていることが認識されていたことになる．

障害と開発の分野では，障害者権利条約の中で非常に重要な条項がある．第32条の「国際協力」だ．他の条項とは異なり，この第32条は各国の努力義務が記載されており，積極的に取り組むことが望まれている．国際協力に関する条項が記されたのはこの条約が初めてのため，非常に意義のある条項となっている．なお，日本は障害者権利条約を2014年1月に批准した．

障害者権利条約　第三十二条　国際協力

1　締約国は，この条約の目的及び趣旨を実現するための自国の努力を支援するために国際協力及びその促進が重要であることを認識し，この点に関し，国家間において並びに適当な場合には関連のある国際的及び地域的機関並びに市民社会（特に障害者の組織）と連携して，適当かつ効果的な措置をとる．これらの措置には，特に次のことを含むことができる．

(a)　国際協力（国際的な開発計画を含む.）が，障害者を包容し，かつ，障害者にとって利用しやすいものであることを確保すること.
(b)　能力の開発（情報，経験，研修計画及び最良の実例の交換及び共有を通じたものを含む.）を容易にし，及び支援すること.
(c)　研究における協力を容易にし，並びに科学及び技術に関する知識を利用する機会を得やすくすること.
(d)　適当な場合には，技術援助及び経済援助（利用しやすい支援機器を利用する機会を得やすくし，及びこれらの機器の共有を容易にすることによる援助並びに技術移転を通じた援助を含む.）を提供すること.
2　この条の規定は，この条約に基づく義務を履行する各締約国の義務に影響を及ぼすものではない.（政府公定訳）

9.3.2　日本の障害者支援の動向

日本では，開発途上国に対する開発協力は，主に国際協力機構（以下，JICAという）が行っている．JICAでは以前から障害者支援の実績があるが，2014年1月に日本が障害者権利条約を批准したことにより，2015年2月に障害者支援の課題別指針[1]を改定するなど，障害者に対する国際協力により力を入れている.

JICAは，主にツイン・トラック・アプローチ（Twin-Track Approach）を用いた支援をしている．ツイン・トラック・アプローチは，「障害者に特化した支援」と，他分野でも障害者に配慮した支援が行われるよう「障害をメインストリーム化（主流化）する支援」の両方を促進することで，「すべての人」への支援が行き届くよう社会を変革させようとしている．自転車の両輪をイメージすると非常にわかりやすいが，「障害の主流化」と「障害に特化した取組み」の両方を行わなければ，前へ進んでいけないということである.

国際協力の現場で「障害の主流化」を進めるためには，教育や保健，交通などのインフラ分野でも障害者に配慮した取組みを推進することが求められる．そのため，様々な協力事業を計画立案し，実施監理するドナーの担当者に対する研修も非常に重要になってくる.

障害の主流化の好事例（JICA課題別指針「障害と開発」，p.49より引用）：
ボランティア対象の障害啓発研修 in バングラデシュ

JICAバングラデシュ事務所では，2012年11月より，バングラデシュに派遣されたすべてのボランティアを対象にした「赴任3か月研修」に,「障害と開発」に関する研修を取り入れている. この取組みが始められるきっかけは, 地元の障害者支援団体に障害者（弱視）を短期ボランティアとして派遣したことだった. このボランティア派遣により, 他のJICAボランティアが, 同じ仲間として障害者と接する中で, 障害の視点を事業に組み込むこと（主流化）の重要性に気づくなどの大きな成果が得られた. そこで事務所では, その後派遣されたJICAボランティアがこの気づきを共有したうえで各々の活動に取り組めるように, 障害啓発研修を実施することにした.

研修を計画・実施するのは, 障害分野で活動するバングラデシュのNGOのCentre for Disability in Development（CDD）である. 研修は現地語（ベンガル語）で実施されるため語学訓練も兼ねており, 1つの研修で2つの効果を狙っている. 研修の締めくくりとして, ボランティアは障害インクルージョンに向けた各自の行動計画を作成する.

2014年には, 研修対象者をボランティアのみならず, JICA関係者すべてに広げ, 所員, ナショナルスタッフ, 専門家に障害啓発研修を実施した.

9.4　スリランカにおける障害者支援

9.4.1　スリランカの概要

スリランカは人口約2,000万人, 国土面積は北海道の約8割である. 首都はスリジャヤワルダナプラコッテだが, 最大の都市は隣のコロンボである. 多民族・多宗教国家で, 多数派のシンハラ人（主に仏教）, 少数派であるタミル人（主にキリスト教）とムスリム人（イスラム教）などがおり, さらにゆるいカースト制度も残っている. 2009年に26年間続いた内戦が終結し, 一見和平が保たれているようであるが, 民族間のしこりはまだ残っている. 内戦が行われていた北部や東部にはタミル人が多く住み, 反対に南部にはシンハラ人が多く住んでいる.

スリランカには障害者数の正確な統計がなく, 全人口の何パーセントぐらい障害者がいるのか, どのような種類の障害のある人が何人いるのかといったことを知ることができない. 一般的に障害者に対する支援は, 障害のない人の暮らしがある程度充足した後にされることが多い. スリランカもまずは内戦復興から経済生活を取り戻すことに重点が置かれ, 内戦終了後10年が経過した近年になりようやく少しずつではあるが障害者に対する制度の構築や先進国からの支援を政府が求め始めている.

9.4.2 スリランカの障害者支援—青年海外協力隊の活動—

スリランカへの国際協力は，二国間の政府開発援助，国際機関や開発金融機関による支援，そしてNGOによる支援などがある．日本が関係する障害と開発の支援では，現在はNGOによる支援とJICAの青年海外協力隊（以下，JOCVという）派遣が主である（2016年11月現在）．今回は，JOCVの活動を紹介したい．

JOCVは，JICAが行っているボランティア事業の一つである[2)]．世界と日本とのつながりを考えたり，日本では当たり前と思われる生活環境が整わないような場所で，どのように自分が貢献するのか悪戦苦闘しながら対応することは，将来国際協力の世界で活躍したい人だけでなく，日本で仕事をする人にとっても良い経験になることは間違いない．もちろん，現地の言葉を覚え，現地の人々と同じような生活をしていくことは苦労も多いだろう．また，派遣先によっては自分が当初想定していたものとは異なる活動で戸惑うことも多いとは思うが，様々な課題への対応能力を強化することもできる．

スリランカの障害者に関するJOCV派遣は，1992年4月に「養護」と「手工芸」の職種でそれぞれ1名のJOCVが派遣され障害者支援を始めたことを皮切りに，様々な形で途切れることなく障害者支援に関係するJOCVが今まで継続して派遣されている．派遣される職種は「養護」が多かったが，近年は「障害児・者支援」，「ソーシャル・ワーカー」そして「理学療法士」など，障害者に関する専門知識のある人の派遣が増えている．JOCVの派遣は，「障害者支援のために障害児・者支援のボランティアが欲しい」という要請をもとにJICAが検討し，JICAによるボランティア募集が年複数回実施される．ボランティア事業には100以上

青年海外協力隊：Aさんの1日

時間	活動内容
6：00	起床
8：00	学校到着
8：30	授業開始 仏教のお祈り，体操，その後授業
11：30	授業終了
12：00	昼食
13：00	学校に通っていない障害児の巡回 カウンターパート機関との打合せ
17：00頃	帰宅

の職種があるが，社会福祉分野のボランティア派遣要請がある国は比較的に発展していて，教育水準の高い国であることが多い．スリランカも例に漏れず教育水準は高い．

続いて，「障害児・者支援」で派遣されたJOCVの活動を紹介する．

9.4.3　事例研究—スリランカで障害者支援をする青年海外協力隊—

Aさん（20代・女性）は，日本で特別支援学校の教員として働いていた．その経験を活かし，「障害児・者支援」の職種に応募した．見事試験に合格したAさんは，訓練所での語学研修などを踏まえ，スリランカ南部のウィーラケティヤ郡にある社会福祉省管轄の私立特別支援学校を所管する郡事務所に派遣された．活動場所のアルネッラ特別支援学校は創立から5年が経過していた．社会福祉省管轄ではあるものの，学校運営は主に寄付金で成り立っており，3名いる全教員の給与（2人は日本円で月4,800円程度，もう1人は月1,800円程度）もその寄付から捻出されている．現場を訪れてみたところ，学生数に対して椅子や机の数も足りず，教材の数も乏しく障害者に配慮した教材もなかった（図9.1）．

特別支援学校は現在27名の知的障害者が在籍している．障害が比較的軽い生徒のみを受け入れており，5歳から18歳までの生徒がいる．

Aさんがボランティアとしてアルネッラ特別支援学校で活動するようになると，日本人の教員がいると聞きつけ生徒数が増加したり，休みがちだった生徒が学校

図9.1　朝の仏教のお祈り．教員は必ず民族衣装のサリーを着用する（筆者撮影）．

へ来たりするようになった．そのため親や近所の人たちからの寄付も増え，必要な物品や消耗品が少しずつ買えるようになり，学校での活動の幅が広がっていった．Aさんが，他の学校と比べても低い給与で働いている教員たちの悩みを聞きながら，学校運営の司令塔であるウィーラケティヤ郡事務所と実際に教育が行われる現場の学校とのつなぎ役になることで，現場の要望が郡事務所に伝わりやすくなり，教員のモチベーションを高めることにもつながった．また，これまでは実年齢をもとに生徒をグループ分けしていたが，Aさんが日本の事例を紹介することで，生活の能力を考慮したグループ分けに変更することができた（図9.2）．

図9.2　授業の前の出席確認をしている様子．このあとレベル別に分かれる（筆者撮影）．

Before

8：30～	開校・仏教の勤行
8：50～	出欠席確認
9：00～	国語 or 算数　個別のノート学習
10：30～	お昼ごはん・お昼休み
11：30～	ダンス or 図工 or 集団遊び
12：30	下校

After

	月	火	水	木	金
8：15～	開校・仏教の勤行				
8：40～	体操・ジョギング				
8：50～	出欠席確認・日付確認				
9：00～	国語	算数	理科	算数	国語
9：40～	休み時間				
9：50～	体育	国語	体育	音楽	体育
10：30～	お昼ごはん・お昼休み				
11：30～	自立活動	図工	グループ活動	グループ活動	衛生
12：15～	帰りの支度・勤行				
12：30	下校				

図9.3　アルネッラ特別支援学校の時間割の変化

その他，授業の時間割や指導方法などについても，A さんが日本の事例を紹介しつつ教員と話し合いを続けることで，少しずつではあるが教育環境を改善していくことができた（図 9.3 参照）.

A さんは，学校での活動が終わった午後になると，学校に通うことができない地域の障害児・者の巡回をしていた（図 9.4 参照）．巡回は，バスか徒歩で行う．巡回先は，バス通りから徒歩で 1 時間半かかるなど非常に遠い場所が多く，1 日で回れる家は 2，3 軒に限られてしまう．しかし，巡回を続けた結果，家族（特に母親）とのコミュニケーションが取れ，学校に通えない障害児・者たちの現状を把握することができた．また，巡回では家族ができるマッサージ方法を教えるなどしていた．これらの活動の結果，ウィーラケティヤ郡事務所が学校に通えない重度の障害者に関心を向けるようになったことは大きな成果である.

ここまでの成果を紹介すると，A さんの活動が着任時から順調に進んでいたように見えるが，たくさんの困難も経験している．しかしながら，現地の言葉を頑張って習得し現地の人と同じ生活を続けながら，いろいろな場所に出向いて地道に活動した結果，最終的にはスリランカ側が当初要請した内容以上の活動を行うことができた．カウンターパート機関である郡事務所の職員，特別支援学校の教員，生徒，親，巡回先の学校に通えない子どもやその家族などに，日本の経験を踏まえた事例を紹介することで，周囲に良い影響を与えた．良い影響を与えた一方で，A さんの活動だけでは変化しないこともあった．例えば，巡回先の重度の

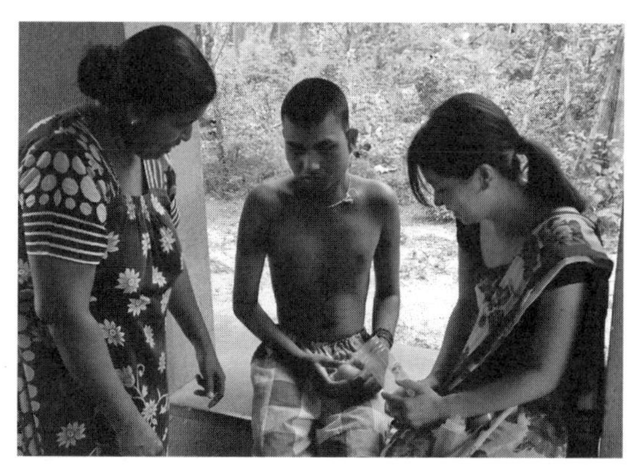

図 9.4　巡回の様子．手の動きを良くするためにボールを握る訓練をしている（筆者撮影）.

障害児は，A さんが巡回しリハビリすることで手足が少しは動くようになるかもしれないが，本質的な「学校に通う」という問題は解決できない．学校までの移動手段の確保，学校側の受け入れ準備（教員の増加，教員の質の向上）など，ボランティア1人では対応できない多くの課題に直面することになる．巡回先の障害児が学校に通えるようになること，SDGs の目標（ゴール）4「すべての人々に包摂的かつ公平で質の高い教育を提供し，生涯学習の機会を促進する」の求めていることである．また，教育機関を卒業した後の就職も，公平な機会を促進するためには大きな課題が残っている．

9.5 「すべての人」に対する支援を目指して

SDGs の随所に明示されている「すべての人々」に対する支援を行うには，トップダウンとボトムアップの双方のアプローチが必要となる．事例研究のような JOCV の活動はボトムアップの重要な活動だが，それだけでは不十分だ．JICA の活動に焦点を当てると，JICA が行う技術協力事業などの様々な協力手法を効果的に活用し，ボトムアップの活動を促進するためのトップダウンの支援を行うことが重要である．トップダウンの支援を行うには開発途上国政府の人たちが自分たちで問題の解決を行おうとオーナーシップをもった取組みを促すことが必須となる．そのため，政府とやり取りをする JICA 職員や様々な職種の JOCV が「障害と開発」の知識を高め，相手国政府の人たちと議論して課題解決に向けた取組みの必要性を説明できるようになることが重要である．9.3.2 項で紹介した JICA バングラデシュ事務所の研修は非常に有意義であり，他の JICA 事務所でも採用して障害の主流化を進めることが望まれる．また，現地の人と接する機会の多い国際協力に携わる人たちは，障害に関係ない分野の活動であっても障害者が恩恵を受ける活動につながっている可能性は高い．誰一人取り残さない取組みを行うには，活動地域の最も重度な障害者を探し，その人が参画できるような支援を行うことが重要だ．

途上国も都市部では高齢化が進んでいる．そのため今後ますます都市のバリアフリー化が求められる．本章の冒頭に説明したとおり，建物のバリアフリー化は，障害者だけが恩恵を受けるわけではない．以前，筆者が海外から車椅子を利用した研修生を東京で受け入れた際には「東京はどこでも行けて，歩けるようになったみたい！」と喜んでいたため日本のバリアフリー化は進んでいるものと思っていた．しかしながら，筆者が米国のワシントンDCで生活をしてみると，東京でもまだバリアフリー化が至らない部分があることを認識した．ワシントンDCでは公共交通機関はもちろん，スーパーや飲食店などのほとんどの店舗でバリアフリー化されており，街中で見かける車椅子利用者数は東京とは比べ物にならない．日本では，混雑時にはバスが車椅子利用者の乗車を拒否したりすることを聞くが，米国では車椅子利用者の乗車を優先させ他の乗客を降車させることに驚いた．障害者に対する考え方がまったく異なることを痛感した．障害者を取り巻く交通機関や建物などの物理的なバリア，制度的なバリア，情報のバリア，そして意識のバリアなど，障害者を取り巻く環境には様々なバリアが存在する．すべての人に対する支援を行うには，開発途上国に限らず先進国でもこれらのバリアを取り除くような活動を進める必要がある．

注と参考文献

1） 国際協力機構：課題別指針　障害と開発，2015（http://gwweb.jica.go.jp/km/FSubject0601.nsf/03a114c1448e2ca449256f2b003e6f57/a4031643d0f07f21492575c100258885/$FILE/ATTRFLV1.pdf/ 課題別指針（障害と開発）2015.pdf）

2） JOCVやその他JICAのボランティア事業に関しては以下のウェブサイトを参照．https://www.jica.go.jp/volunteer/application/type/index.html

・島野涼子：国際協力とキャパシティ・ディベロップメント—障害女性へのエンパワーメントの視点から，現代書館，2015

・島野涼子：障害分野に関する国際協力への日本の取り組み，横浜国際経済法学，第21巻，3号，pp.411-424, 2013

・杉本良男，高桑史子，鈴木晋介編：スリランカを知るための58章，明石書店，2013

・長瀬　修：障害者の権利条約における障害と開発・国際協力，森　壮也編「障害と開発—途上国の障害当事者と社会」，アジア経済研究所，2008

・古田弘子，島野涼子，鹿毛理恵：スリランカの女性と障害，教育，熊本教育大学紀要，第64巻，pp.169-177, 2015

・吉池　望，古田弘子：発展途上国の障害児教育への日本の援助—青年海外協力隊活動に焦点を当てて—，発達障害研究，第24巻，3号，pp.316-325，2002

10. 観光開発とSDGs

—環境保全と地域社会を基盤としたサステナブルツーリズム—

10.1 持続可能性と観光

10.1.1 持続可能な開発とエコツーリズムの誕生

地球規模での環境問題の悪化が，全人類にとって脅威であることが認識され始めたのは1970年代であり，グローバルに議論が高まるきっかけとなったのが，1972年の「国連人間環境会議」である．また，とくに途上国における環境問題の悪化には，先進国による資源搾取やグローバル企業による途上国での環境汚染などが大きな要因となっていることから，地球上の地域間格差，いわゆる南北問題も環境問題の重要な一端として認識されるようになった．こうした背景において最も重要な転機が，環境保全を大前提としながら経済発展を目指す「持続可能な開発（sustainable development)」という新たな概念が，1980年にIUCN（国際自然保護連合)，WWF（世界自然保護基金)，UNEP（国連環境計画）の三者による『世界保全戦略』の中で提唱されたことである[1]．ではこうした持続可能な開発という概念のグローバルな流れに対して，観光開発，観光産業の分野でどのような応答が出てきたのか，図10.1に時系列にまとめた．

1980年に「持続可能な開発」の概念が提唱されてからすぐ2年後に，この考え方を取り入れる形で，自然保護と経済的利益を両立する観光であるエコツーリズムがIUCNの第3回世界国立公園会議で提案された．国連でこの概念が共有されるよりも早くに，こうした動きがあった背景には，『世界環境保全戦略』の共同執筆者であった国際自然保護団体IUCNとWWFが，途上国の環境破壊を食い止めるためにエコツーリズムの導入が急務と考え動いたからである．その大きな理由には，途上国において貧困の故に進む森林伐採などの無秩序な自然破壊を食い止めるために，代替産業が必要だと考えられたことである．1982年のエコツーリズ

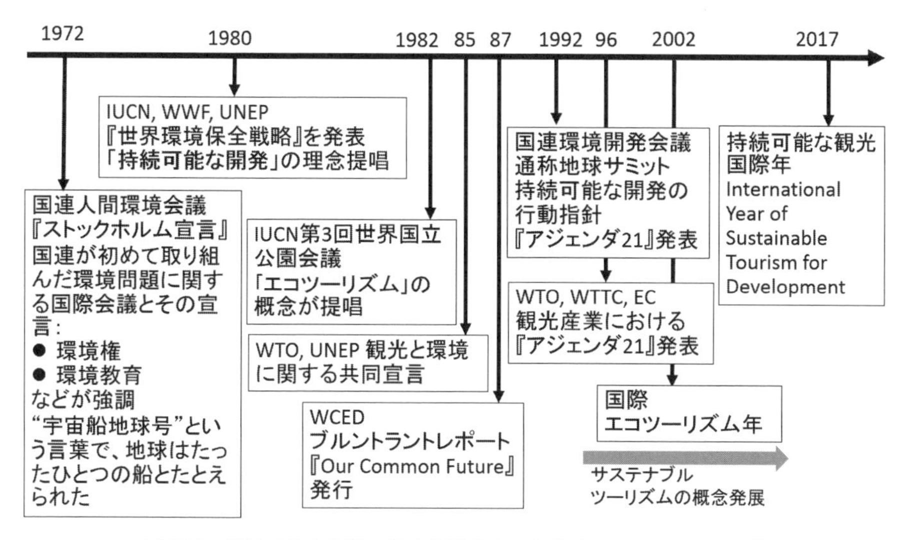

図 10.1　持続可能な開発の概念と観光をとりまくグローバルな流れ[1)]

ム提唱に際して，IUCN はこの観光形態を以下のように定義した．

◆ IUCN（国際自然保護連合）によるエコツーリズムの定義（1982）

自然保護地域のために十分な資金を生み出し，地域社会に雇用の機会を創出し，旅行者に環境教育の場を提供することによって，自然保護あるいは自然保護地域づくりに貢献する自然観察または地域文化を学習する観光

この定義が示すように，エコツーリズムは，自然環境を観光資源として保全しながら経済的利益を生み出すことで，地域社会の雇用の機会，また保全のインセンティブを生み出すこと，さらにはその利益を自然保護に還元することを目的としていた．また，環境教育の重要性も謳われ，旅行者がエコツーリズムを通して自然環境の価値と保全の意義を学ぶことが期待された．今日では，このような環境教育的側面は，旅行者のみならず，受入れ側のホスト国，地域コミュニティへの教育的要素として重視されている．エコツーリズムという新たな観光形態の誕生によって，とくに途上国では生物多様性豊かな自然環境を守りながら観光資源とすることで，外貨獲得を目指す動きが活発化した．しかし，国として外貨獲得にばかり目がいくようになってくると，もともとのエコツーリズムの重要な点であった「地域社会への貢献」は棚上げされることが多くなってきたのみならず，エコツーリズムの規模拡大による自然破壊も起こるようになった．すなわち，エ

コツーリズムのマスツーリズム化である．1960年代から盛んになっていたマスツーリズムが世界中で引き起こしてきた環境破壊と地域社会への弊害は，1980年代では既に多くの地域で顕著になっていたが，エコツーリズムの提唱はそれを食い止めるまでには至らなかった．

その後，1987年のブルントラントレポートの発表により，「持続可能な開発」という概念は，自然保護，環境保全の関係者だけではなく，より広いステークホルダーに認識されるようになり，1992年の国連環境開発会議（通称，地球サミット）においては世界各国が目指す共通のゴールとなった．地球サミットでは，持続可能な開発の具体的な行動指針を示すアジェンダ21が提唱されたことから，観光産業界でもその4年後に「観光産業におけるアジェンダ21」が策定，発表された．この頃から，観光と持続可能な開発との関連性において，エコツーリズムが網羅しきれなかった課題，また新たにエコツーリズムが引き起こしてきた問題の解決に向けて，サステナブルツーリズムの概念が急速に発展していくこととなる．

10.1.2　サステナブルツーリズムとは

サステナブル（持続可能）である状態は，ブルントラントレポートによると「将来世代のニーズを損なうことなく現在世代のニーズを満たすこと」とされており，その理念は環境，社会文化，経済という三本柱を基盤としていることから，配慮すべき点は環境保全のみならず人道的な問題，文化的な問題，経済格差の問題など多岐にわたる．同様に，持続可能な観光すなわちサステナブルツーリズムもこれらに広く目を向ける必要がある．前述の「観光産業におけるアジェンダ21」では，サステナブルツーリズムを以下のように定義した．

◆「観光産業におけるアジェンダ21」によるサステナブルツーリズムの定義（1996）

サステナブルツーリズムの商品とは，その利益が永久的に続くように，地域の環境，コミュニティ，文化と調和する形で実施される商品である．

また，地域コミュニティと受入れ国に経済的利益をもたらしながら，生態学的，社会文化的負荷を最小限にするように努める観光である．

この時点では理想的な状態が述べられているにとどまり，やや具現性に欠けるが，この定義に示された理念を，より具体的に原則化したものが，表10.1に記したUNEPとUNWTO（世界観光機関）による「観光をより持続可能なものにするための12か条」である．ここに見るように，サステナブルツーリズムの実現に

表10.1 サステナブルツーリズム実現のための12か条

▷経済の存続：長期的利益を生み出せるように，観光地と企業の存続性と競争力を確保する．
▷地域の繁栄：観光による経済的利益を，受入れ地域とその地域で過ごす観光客に最大限還元する．
▷雇用の質：性別や人種，障害などによって差別をせず，地域における雇用の数と賃金を含む質を上げる．
▷社会の平等：観光から得る経済的，社会的利益をコミュニティに平等に分配し，とくに貧困者の収入やサービスを改善する．
▷観光客の満足：性別や人種，障害などによって差別をせず，観光客に対して，安全で満足のできる経験を提供する．
▷地域の管理：様々なステークホルダーの意見を取り入れながら，観光計画と受入れ地域の管理に関する意思決定の場に当該地域コミュニティに参加してもらう．
▷コミュニティの福祉：地域コミュニティに対する社会的悪影響や搾取を避け，彼らの生活の質を維持強化する．
▷文化の繁栄：受入れ側のコミュニティの，歴史的遺産，本来の文化，伝統，独自性などに敬意を払う．
▷自然界の完全性：都市および田舎いずれにおいても景観の質を保持し，環境の物理的，視覚的劣化を避ける．
▷生物多様性：自然環境，生息地，野生生物の保全を支援し，それらへの悪影響を最小限にする．
▷資源の効率：観光施設とサービスの開発と運営において，希少また再生不可能な資源についてはその使用を最小限にする．
▷環境汚染の回避：観光客および観光業者による空気，水，土地の汚染と廃棄物の生成を最小限にする．

（出典：UNEP and UNWTO, 2005）

は，多岐にわたる項目に留意する必要があることから，その実現が遅れているともいわれている．

10.2 MDGsと観光開発

では次に，グローバルな開発目標と観光産業との関連性を見ていこう．SDGsの前身ともいうべきMDGsの詳細および定められたゴール（目標）については第1章の1.2節を参照されたい．MDGsは，最も経済的に発展が遅れてきた（LED：less economically developed）国々にとくに焦点を当てたものであるが，こうしたLED国における観光産業の役割は大きい．マラファは，観光がMDGsにうまく貢献することで生み出される相乗効果について次のように述べている（Marafa, 2007）．

「観光をMDGsとつなげることで，収入を生み出し，エンパワーメントが進み，直接的にゴール1（貧困と飢餓の撲滅）に貢献する．そして，ゴール1への貢献は，ゴール3（ジェンダー平等推進と女性の地位向上），4（乳幼児死亡率の削減），5（妊産婦の健康改善）への目に見える効果が期待される．さらに，オルタナティブツーリズムやニューツーリズム[2)]が促進されることは，ゴール7（環境の持続可能性確保）や8（開発のためのグローバルパートナーシップ）の実現にも貢献する．」

このような観光による貧困撲滅の考え方は，とくに新しいものではなく，1990年代後半には，英国を中心にpro-poor tourismの考え方が生まれてその後も多くの議論がなされてきた．表10.2は，これらの議論を総括したものである．一般的に，観光が労働集約型産業であること，他の産業とのリンケージがあること，女性や若者でも仕事につきやすいことなどから，とくに最貧困地域における雇用や収入の創出が期待できるとされている．

図10.2は，世界の観光収益のうちLED国によって生み出された金額の推移であるが，急速に増加していることが見てとれる．しかしこのような数字には，外資系観光関連企業などによる利益の母国への持ち出し，すなわちエコノミックリーケージが表出していないことは留意しておかなければならない．

LED国における観光のエコノミックリーケージは，マクロッシュらによれば観光収入の55～75%にも至るとされている（McCulloch *et al.*, 2001）．エコノミッククリーケージは観光産業全体の大きな問題であり，故にエコツーリズムやサステナブルツーリズムでは，「地域社会への利益還元」が最優先課題の1つとされてきた．国連は観光業がこの問題を克服してMDGsに貢献するための1つのキーとしてCSR（Corporate Social Responsibility）の推進を強く提唱した．実際にどれだ

表10.2　観光による貧困撲滅（pro-poor tourism）の議論

●観光地におけるクロスセリング（組み合わせ販売）の機会を増やせる．
●業界を超えたリンケージ，とくに農業や手工業と観光業とをつなぐことができる．
●労働集約型の産業特性から，雇用の機会を増やせる．
●観光は，しばしば貧困率の高い限界集落などにも展開される．
●観光は，一般的に女性や若者，あるいはまだあまり技術のない労働者を雇用できる．
●観光産業への参入は，比較的障害が低い．
●発展途上国においては，過度の観光産業の成長が認められる．

（出典：Mosselaer *et al.*, 2013）

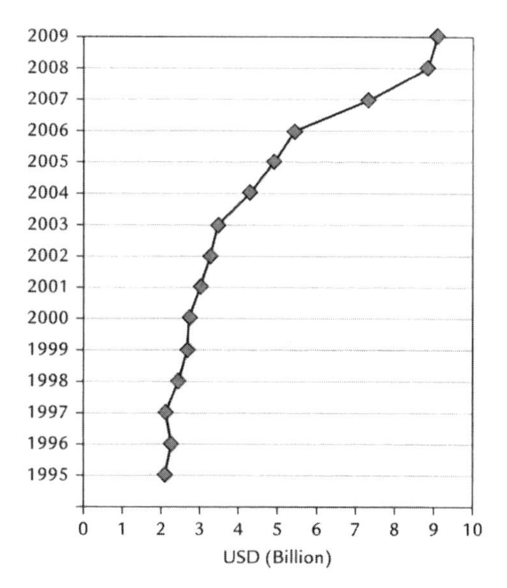

図 10.2　LED 国における国際観光収益
（出典：Buzinde *et al*., 2013）

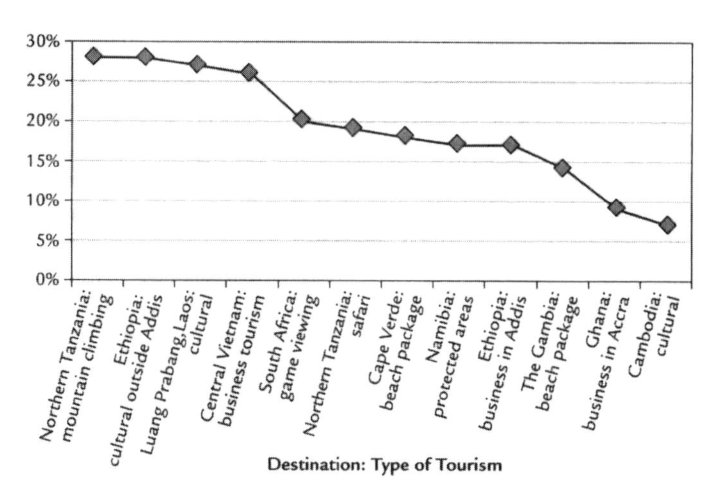

図 10.3　観光地の支出における貧困層への収入比率（観光地と観光形態別）
（出典：Spenceley and Snyman，2013）

け CSR による貢献があったのかを総括するデータや報告はないが，企業による観光学の奨学金授与，マイクロファイナンスの支援，LED 国の観光インフラ整備支援，など様々な施策が実施された．

また MDGs の実現のために重視された別の施策が，CBT（Community-Based Tourism）である．CBT は，地域コミュニティを主体とした観光形態であるが，コミュニティメンバーが，労働力や製品，サービスを直接提供する度合が高いほど，貧困削減に貢献する割合が高くなる．図 10.3 は，観光地における支出に対する貧困層の収入割合を示したものであるが，コミュニティがほとんどの観光オペレーションを担っているタンザニアの登山観光と比べて，国内外のツアーオペレーターが観光事業を担っているケースの多いカンボジアの遺産観光では，貧困層に落ちる収入に 20% 以上もの差が出ている．

10.3　SDGs と観光開発

SDGs の概要とゴールについては，第 1 章 1.1 節に詳細が記されているので参照されたい．観光は，直接的，間接的にすべてのゴールに貢献できる可能性をもっており，とくにゴール 8（持続可能な経済成長とディーセント・ワークの促進），12（持続可能な生産消費形態の確保），14（海洋・海洋資源の保全と持続可能な利用）に貢献できる（UNWTO, 2015）．ゴール 8 については，ターゲット 8.9 において「2030 年までに，地域の文化や生産性を促進し，仕事を創出するような，サステナブルツーリズムを推進する政策を実行する」とされており，ゴール 12 においては，ターゲット 12.b において「地域の文化や生産性を促進し，仕事を創出するような，サステナブルツーリズムのための持続可能な開発をモニタリングするツールを開発し利用する」とされている．さらに，ゴール 14 においては，ターゲット 14.7 において「2030 年までに，発展途上の小さい島嶼国（SIDs）と，最も経済的発展が遅れている国々（LEDs）において，漁業，養殖業，観光業の持続可能な管理を含めた海洋資源の持続可能な利用による経済的利益を増やす」とされている．これらは，直接的に SDGs とそのターゲットの中に「持続可能な観光」が明記されている項目であり，より観光産業の優先順位が高いゴールといえよう．

観光と SDGs の関連性を考えるに当たっては，表 10.1 に示したサステナブルツーリズムの 12 か条が，それぞれ SDGs のどのゴールと深く関連するか，またどのゴールに貢献するかを留意することが有効である．それについて表 10.3 に整理したが，これを見ると観光がかなり多くのゴールに直接的，間接的に貢献できる可能性があることがわかるが，あくまでこれは，「サステナブルツーリズム」の原則

表 10.3　サステナブルツーリズムの 12 か条と SDGs の関連性

サステナブルツーリズムの 12 か条	SDGs との直接的関連	SDGs への間接的関連
経済の存続	ゴール 1，2	ゴール 9
地域の繁栄	ゴール 1，2，	ゴール 3，4，5，6，7
雇用の質	ゴール 1，3，5，8	ゴール 4
社会の平等	ゴール 1，3，4，5，10	ゴール 2，8
観光客の満足	—	ゴール 1，2，3，5，6
地域の管理	—	ゴール 3，4，5，6，9
コミュニティの福祉	ゴール 1，3，5，	ゴール 4，6，7
文化の繁栄	—	ゴール 1，3，4，11
自然界の完全性	ゴール 14，15，	ゴール 12，13
生物多様性	ゴール 12，13，14，15，	ゴール 1，2
資源の効率	ゴール 12，13，14，15	ゴール 6，7
環境汚染の回避	ゴール 12，14，15	ゴール 3，6

に配慮されているような観光の場合である．そうでない観光の場合は，多くのケースにおいて逆に SDGs の実現の障害となりうる．サステナブルツーリズムの 12 原則そのものが留意されているような観光形態はまだまだ少ないのが実態であるため，むしろ SDGs の達成を目指しつつ，サステナブルツーリズムの実現も目指していくことになるであろう．

10.4　持続可能な観光を目指して

観光開発および観光産業は，そのリンケージ効果[3] によって影響が様々な分野や産業にまで波及することから，関連するステークホルダーや業界全体と協働して取り組まなければ，持続可能な観光の実現は困難である．実現のためには，環境，社会文化，経済に関連する様々な活動のすべてを評価し，継続的にモニタリングしていく必要がある．現在ではそのための評価基準として，GSTC（Global Sustainable Tourism Criteria）[4] が，グローバルスタンダードとなっている．例えば，宿泊施設とツアーオペレーター向けの GSTC には，A. 効果的で持続可能な経営管理の明示，B. 地域コミュニティの社会的・経済的な利益の最大化と悪影響の最小化，C. 文化遺産への魅力の最大化と悪影響の最小化，D. 環境メリットの最大化と環境負荷の最小化という項目があり，それぞれの項目にいくつもの細かい基準が設けられている．今後は，このような細かい基準に基づいたひとつひとつの指標を，どれだけ具体的に設定して評価していけるか，が最重要課題となるが，UNWTOは現在こうした観光の持続可能性の測定やモニタリングといった実践策について各国の専門家と協力して開発を進めている．国連も，「SDGsにおいてサステナブルツーリズムは確かに重要な産業として位置づけられているが，その実現のためには，確固たる実践のためのフレームワーク，適切な資金調達と技術，インフラ，人的資源などへの投資が必要である」として，より具体的な施策の策定を呼びかけている．図10.1に見るように，ブルントラントレポートの発行から30年たった2017年は，「持続可能な観光国際年（International Year of Sustainable Tourism for Development）」と位置づけられた．サステナブルツーリズムは，これまでの理念や概念だけではない，実現可能性に裏づけられた実践策が緊急的に求められている．

注と参考文献

1) IUCN（International Union for Conservation of Nature：国際自然保護連合），WWF（World Wide Fund for Nature：現，世界自然保護基金），UNEP（United Nations Environmental Programme：国連環境計画），WCED（World Commission on Environment and Development：環境と開発に関する世界委員），WTO（World Tourism Organization：世界観光機関，現UNWTO），WTTC（World Travel & Tourism Council：世界旅行観光協会），EC（Earth Council：アースカウンシル）
2) オルタナティブツーリズムやニューツーリズムは，これまでのマスツーリズムやコンベンショナルツーリズムの問題点に留意し，それらとは違う形態の観光を目指したものである．例えば，真の意味でのエコツーリズムや，コミュニティーベースドツーリズム，エスニックツーリズムなど，いずれも地域コミュニティを主体と考えることが最も重要な点である．
3) 観光産業の経済活動が，関連する交通，運輸，宿泊，飲食，情報，農業，漁業など様々な産業に必然的につながっていく効果
4) Global Sustainable Tourism Councilが数十年をかけて，80あまりの関連組織と協働のもと策定した基準で，宿泊施設とツアーオペレーター向け基準，観光地向け基準などがある

・Buzinde, C., Xu, L. and Iarmenko, S. (Bricker, K.S., Black, R. and Cottrell, S. eds)：Sustainable Tourism & The Millennium Development Goals -Effecting Positive

Change. The International Ecotourism Society. Jones & Bartlett Learning, MA, USA, pp.7-22, 2013
・Hawkins, D.E. and Mann, S. : The World Bank's role in tourism development. *Annals of Tourism Research*, **34** (2), pp348-363, 2007
・Marafa, L.M : Tourism leisure and the MDGs. The relevance to Africa's develppment, 2007
http://www.iipt.org/africa2007/PDFs/Tourism%20Leisure%20and%20the%20MDGs_IIPT2007_Marafa.pdf.
・McCulloch, N., Winters, L. and Cirera, X. : Trade Liberalization and Poverty : A handbook, London, Center for Economic Policy Research, 2001
・Spenceley, A. and Snyman, S. (Bricker, K.S., Black, R. and Cottrell, S. eds) : Sustainable Tourism & The Millennium Development Goals -Effecting Positive Change. The International Ecotourism Society, Jones & Bartlett Learning, MA, USA, pp.89-106, 2013
・UNEP and UNWTO : Making Tourism More Sustainable : A Guide for Policy Makers, 2005
・Mosselaer, V. F. and Can der Duim, R. (Bricker, K.S., Black, R. and Cottrell, S. eds) : Sustainable Tourism & The Millennium Development Goals -Effecting Positive Change. The International Ecotourism Society, Jones & Bartlett Learning, MA, USA, pp.39-56, 2013
・World Tourism Organization (UNWTO) : Tourism and the Sustainable Development Goals. Published and printed by the World Tourism Organization (UNWTO), Madrid, Spain, 2015

コラム4. 持続可能な観光とコミュニティ開発

本コラムでは韓国済州島の「済州オルレ」を事例として取り上げ，持続可能な観光を実現させるための観光地を生活基盤としている地域住民，すなわち地域コミュニティが果たす役割やあり方について考察を行う.

○済州オルレについて

「オルレ」とは済州島の方言で「大通りから家につながる細い路地」という意味で，済州島の海岸沿いの自然や文化に触れながら歩くトレッキングコースのことを「済州オルレ」という．現在，済州島には2007（平成19）年9月に第1コースがオープンして以来，2012（平成24）年まで済州島を歩いて一周できる26コースが開発されている（図A）．各コースは平均15 kmと所要時間を5～6時間と設定し，歩く途中，コース周辺のレストランや喫茶店，終点周辺の民宿やペンションなどの地域住民が経営している宿泊

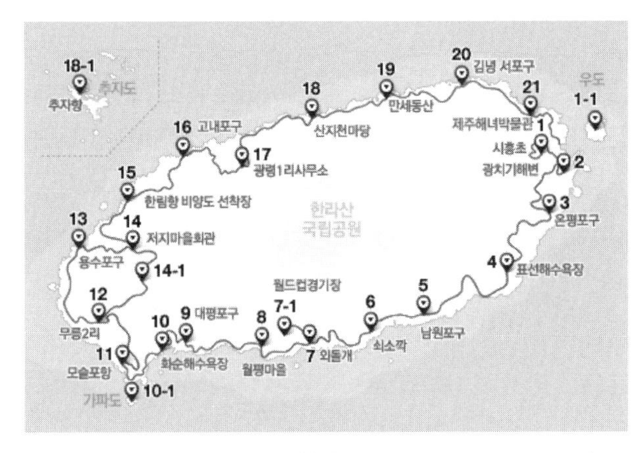

図A　済州オルレコース（出典：http://search.naver.com）

表A　済州オルレの造成原則

○人は自然の道を歩きながら平和と幸せを感じ，自然は人に自然の大切さを悟らせることで済州島の自然と生態系を保護する.
○済州島独自の地形を考慮したうえ，地域別の特色を活かすが人工的工法や材料の使用は最小化する.
○広い道路より，最小限の通行を前提として自動車等の通行による妨害を避ける.
○美しい済州島の風景を一目で感じることができるように造成する.
○自然的なトレイルロードでも済州島の観光収益をあげることができる収益創出の代案を提示する.

（出典：(社) 済州オルレの資料をもとに著者作成）

施設が利用できるようなコース設定であり，済州オルレを訪れた観光客の消費が地域の還元につながる仕組みづくりを考慮したものである．済州オルレが始まった2007（平成19）年には約3,000名に過ぎなかった済州オルレ観光客は2013（平成25）年には約119万3,000名まで増加し，2014年までの8年間に約564万人が訪れるほど現在は済州島を代表する観光名所となっている．社団法人済州オルレ（以下，（社）済州オルレ）という民間団体が済州オルレの新しいコースを開発する際に自然と生態系の破壊や無分別な開発を防ぐためコース造成原則や基準を設け，コースの認定，すべてのコース運営・管理を担当している（表A）．

○（社）済州オルレと地域コミュニティ開発

（社）済州オルレは企業と各オルレ周辺の村の連携の仲介役となり，地域の文化や資源を活かした新しいコンテンツ開発を支援する「地域住民幸福事業」を2014（平成26）年から開始した．その中，「1社1オルレ」という事業は各オルレコース周辺村の地域住民の自主的な参加を促し，地域資源の発掘・再生を図り，販売・マーケティングには企業の力を借りることで安定的な地域住民の収入創出や地域経済の活性化を図るとともに済州オルレの持続可能な発展を志す取組みであり，現在はこの事業によって14村と企業が連携し活動している．そして，品質は良いもののなかなか商品化できていない地域資源を発掘し，地域コミュニティと協力しながら新たなブランドを形成する済州オルレワークショップ（JEJU OLLE WORKSHOP）という取組みも実施している．例えば，済州島の伝統的な商店街である「西門公設市場」の反物屋の商人たちと連携し「西門オルレ工房組合」を立ち上げ，天然染めの布でエプロンやブランケット，小物入れを製作・販売している．また，済州島の小さい村の1つである新山里では伝統的な方法で少量生産していたため，あまり知られていない緑茶を主材料とした緑茶アイスや緑茶クランチチョコレートを開発した．さらに，2015（平成27）年8月には村の憩いの場として使用していた共同施設をリノベーションし，オルレ観光客が海の景色を眺めながら休憩できる「新山里村カフェ」をオープンし地域住民が運営を担当している．

（社）済州オルレは済州オルレワークショップで新しく地域ブランドの形成に当たって，商品の企画・生産・販売流通の確保・マーケティングについて専門的な知識が乏しい地域住民をサポートしている．また，地域コミュニティは済州オルレワークショップによる収益の一部を（社）済州オルレに寄付し，オルレコースの運営・管理に充てられている．

上記のような（社）済州オルレと地域コミュニティが連携し，新しい特産品や地域ブランドを開発することで観光客には高品質のサービスや商品を提供することができ，地域住民が地域にプライドをもち，住み続け，地域振興や持続的なコミュニティを形成していくことが地域コミュニティの役割ともいえるだろう．

近年，「地域主導型観光」，「内発的発展」などをキーワードとして持続可能な観光地づくりにおける担い手として地域のコミュニティの役割に着目した研究は少なくない．

しかし，今後，持続可能な観光において地域コミュニティの役割や開発を考えるうえで，安定的かつ自立的な地域コミュニティが形成できる働きかけや持続的な地域のコミュニティが開発できる（社）済州オルレのような仕組みづくりが必要なのである．

11. アフリカの開発とSDGs[1)]

—アフリカにとっての持続可能な開発目標とアフリカ開発銀行の役割—

国連において「持続可能な開発目標（SDGs）」が2015年に採択され，地球全体としての持続可能性が叫ばれるようになっている中，今後ますます人口増大が見込まれるアフリカ大陸の持続可能性は，人類全体にとってきわめて大きな課題となっている．本章では，アフリカにとっての持続可能な開発とは何かを考えるための基礎的理解を得ることを目的とする．そのために，まずアフリカにとってのSDGsがどのような意味合いをもっているのかを検討し，アフリカの持続可能性における課題を提示する．そのうえで，国際開発金融機関の1つとして活動するアフリカ開発銀行はどのような役割を負っているのかを示し，また日本政府を含めた国際社会との関係を示し，今後のアフリカの持続可能な開発を考えるための基礎を提供したい．

11.1　SDGsとアフリカ

アフリカとSDGsとの関係を考えた場合，今日的な課題が集中する地理的な場所という観点において，アフリカとSDGsの関連性および重要性は自明であるが，ここでは少し掘り下げて歴史的な視点からその関係性について捉え直すことで，より立体感をもった理解に迫ってみたい．

11.1.1　アフリカにおけるMDGsとSDGsとの関係

SDGsは2015年9月に国連で採択されたものであり，その時点からの将来に向けた社会のあらゆる持続性を高めることを目指しているものであるが，その出自は，2000年に国連で採択されたミレニアム開発目標（MDGs）を背景としている．MDGsは，アフリカをはじめとした開発途上国の貧困削減を主な目的とした開発目標であり，MDGs最終年の2015年までには，中国やインドをはじめとしたアジア諸国における急激な経済成長を背景に，全世界的な貧困状況の大幅な改善を達成した.

アフリカ諸国においても初等教育や保健分野等で状況の改善につながったが，アフリカにおける貧困状況の改善（1990年に比べて2015年の貧困者数の割合を半減させるという目標）という観点ではいまだ不十分である．中でも，貧困削減を継続して実施していくうえで，雇用を創出するための重要な基礎となる経済成長が持続的となっていないことがアフリカ諸国にとって深刻な問題だと，国連やアフリカ開発銀行をはじめとした国際機関は指摘している（UNECA, AU, AfDB, UNDP, 2015；p. xiii）．その背景として，多くのアフリカ諸国は天然資源や一次産品への依存度が高く，外的なショックに脆弱であることが指摘される．また干ばつや洪水等による自然環境の急激な悪化も農業開発の足かせであり，女性や若年層を含めた人的開発を更に進めていく必要性も指摘され，これらの諸点を改善することこそが持続可能な開発を実現することになるとMDGsの経験が示している（ibid, p. xviii）.

このようなアフリカにおけるMDGs達成状況から，アフリカでは今後もMDGsの目標を追求する必要があることは論を待たない．一方で，環境等の持続性については国境を越えたグローバルな共通性が見られるものの，持続可能な開発の基礎となる経済成長はどうしたら持続的になるのかについて，必ずしも自明の解があるわけではない．以下に，アフリカにおける「持続可能な開発」はどのようなもので何を目指してきたのか，歴史を遡って見てくこととしよう.

11.1.2　アフリカにおける持続可能な開発を考える背景1—植民地支配の経験—

アフリカの開発は，多くのアフリカ諸国が植民地支配から解放された前後から追求されるようになったと考えられ，それはすなわち，1960年代頃と捉えることができる．植民地支配とは，基本的に宗主国は植民地とその人々から利益を搾取することを目的としており，植民地とそこに住む人々の開発や，まして持続可能な開発を目指すものではない．むしろ植民地支配は，持続可能な開発とは真逆の考え方である．欧州列強による植民地支配下のアフリカで，特定の鉱物資源の採掘や一次産品の栽培が植民地政府等により強力に振興され，それらが主に宗主国向けに低価格で輸出された．植民地では，あらゆる手段を講じて人々を強制的にこれらの資源の採掘・栽培等を行う立場に動員[2]し，低賃金かつ低価格で戦略的物資を宗主国に輸出させた．このような経済体制を「モノエクスポート（単一輸出）経済」と呼び，単一の資源や農作物の採掘・栽培の強制と宗主国への輸出という状況を示している[3]（北川，高橋，2004，p.118）．ほとんどのアフリカ諸国では，自らの国の経済を発展させるチャンスを得られぬまま欧州列強の植民地として組み入れられ，特定の鉱物資源や一次産品の輸出に特化させられ，持続可能な開発とは程遠い経済体制が続いた．

植民地が独立した後には，アフリカ人自身の手で持続可能な開発が目指され，いくつかのアフリカ諸国にとって工業化がそれなりに進んだ時期はあるが（Newman, Page, Rand, Shimeles, Soderbom and Tarp, 2016, 551-555, 633-641），輸入代替工業化を中心とした工業化は持続的でなく短命のブームに終わった．経済的基盤を持たない多くの新興独立国家は，旧宗主国側からの援助を必要としたが，中には宗主国との独立戦争を経た国もあり，寛大な支援を受けるには程遠かった[4]というべきである．旧宗主国との関係を良好に保てた国々では，植民地時代からの欧州側資本による経済体制の独占が続いた．旧宗主国との関係が悪化した場合には，外資の撤退や旧宗主国からの援助の停止等に追い込まれ，途上国側経済が疲弊した例もある（遠藤，高橋，2014，pp.44-47）．

ここまでの状況についてまとめるとすれば，多くのアフリカ諸国にとって植民地とは，経済構造の多様化を難しくする状況に固定化し，独立後も旧宗主国経済への依存が継続し，独立した以降も長きにわたり健全かつ持続可能な開発に向けた方向性を見出すことを困難にした経済体制であったと説明できよう．

11.1.3 アフリカにおける持続可能な開発を考える背景 2 ―一次産品依存の経済構造―

1964 年の第 1 回国連貿易開発会議（UNCTAD）においては，「援助よりも貿易を」がスローガンとして叫ばれ，公正な貿易を求める声が開発途上国側から先進国側に求められた．アフリカを中心とした一次産品産出国は，オイルショックによって石油価格の高騰が実現したことを受けて，資源ナショナリズム[5]が大いに高揚した．石油価格の高騰により，大きな収入を得ることになった国々を目の当たりにし，多くの開発途上諸国も自ら生産に関わる他の一次産品についても輸出カルテルの構成により輸出価格を高めて経済成長を加速させたいとして，1974 年の国連資源特別総会にて「新国際経済秩序（NIEO）」が提唱された．しかし結果的には，石油以外の資源ではカルテルは成功せず，資源価格はその後継続的に低下し続け，開発途上国の期待は大きく裏切られた．

このような中で欧州諸国は，独立後の旧植民地諸国への援助に積極的でなかったものの，一次産品の持続的な価格維持についての希望をもたせる政策を展開した．アフリカ諸国が独立を迎えた1960年前後にヨーロッパにおいては欧州共同体のEECが創設され，アフリカ諸国との経済関係緊密化に動いた．EECは，欧州開発基金による経済援助を組み合わせ，欧州諸国の旧植民地との自由貿易地域の形成を相互特恵制度に基づいて構築した．この枠組は，1964年のヤウンデ協定，1975年のロメ協定，2000年のコトヌー協定へとつながっていくことになる．これらの協定は，貧困削減や工業化等も含んだ経済開発の視点を含んでおり，欧州諸国によるアフリカ諸国を含めた開発途上国支援の核を成すものといえる（是永，2004，pp.39-52）．

EECおよび後継のEUによるこの政策は，「貿易を通じた経済成長」の実現に寄与すると歓迎された一方で，結果的にはこの仕組みによってもEU諸国のアフリカ地域との貿易はアジア諸国のそれと比較して大きくは伸びず，これらの協定における目的は十分に達成されなかった．その原因として，開発途上諸国がモノエクスポート型の経済構造からの転換を達成できなかったことが挙げられている（田中，2009，pp.59-60）．さらに，コトヌー協定で途上国側に寄り添う欧州諸国の方向性は頂点を迎え，それ以降は自由主義の復権が先進国側に広がり，GATT体制やWTO体制等の国際貿易体制が北側諸国の利害を優先するツールとして利用されることが多くなったことも，アフリカが国際貿易から利益を十分に獲得できなかった理由として挙げられている（渡辺，2003，p.46）．

持続可能な開発を目指す中で，アフリカ諸国は有利な資源価格を獲得して経済成長への道筋に乗ることができるかに見えた瞬間があったものの，結果的に他の資源価格や一次産品価格の安定という構想は実現せず，多くのアフリカ諸国にとって持続可能な開発の夢は遠のくことになった．

11.1.4　市場の失敗，国家の失敗，構造調整プログラム，そして貧困削減レジーム

アフリカ諸国が独立を果たした1960年から1970年代にかけては，多くの開発途上諸国が経済開発できない理由として，「市場の失敗」を挙げる考え方が強かった．アフリカにおいては，アフリカ側に不利な経済構造が植民地時代から継続し，

また旧宗主国からも十分な援助も受けられなかった．多くの一次産品価格も低迷を続けていた中，従属理論で示されるように政府が経済活動の中で主導的な役割を果たすこと[6] 以外に有効な手段はないと考えられた．

ロバート・ベイツは，アフリカの経済停滞の理由として，アフリカ諸国政府の経済政策が経済的合理性でなく政治的合理性を優先しているためだとし，「国家の失敗」を指摘した（Bates, 1981）．それがもたらしたものは，先進国的な基準での政府財政の健全化を急速に進める援助政策としての構造調整プログラムであった．1980 年代から，財政破たんしたアフリカ諸国は国際通貨基金（IMF）と世界銀行に支援を要請するようになり，それらの国々に対して構造調整プログラムを実施した．これは国家の失敗を是正するために，徹底した政府財政の管理[7] を行うことである．構造調整プログラムは，インフレの安定化や財政の安定を実現するなど重要な成果もあげたが，一方，人々の生活の急激な困窮を招いた[8] ともいわれている（UNICEF, 1987）．

そのような市場と国家の失敗を補完するために，2000 年に債務の帳消しが先進国によって実施され，貧困削減レジーム（牧野，2003，p.23，古川，2014）と呼ばれる援助政策がアフリカにおいて主流を占める時期が現れた．貧困削減レジームは，構造調整プログラムが人々の生活を軽視しているとして批判を浴びたことから，人々の貧困状況を悪化させずにむしろ MDGs に貢献しながらも政府財政の健全化を目指したところに大きな違いがあったといえる．この貧困削減レジームが進行している最中に，国際市場での原油価格の高騰がありアフリカの産油国での経済状況改善が急激に進んだわけだが，既に指摘されているように，資源依存状態からは脱しておらず持続可能な開発の道にたどりついたというには程遠いといわざるをえない．

このようにアフリカの多くの国々では，植民地から独立して以降，独自の持続可能な開発の道を模索すべく努力を行ってきたものの，今の段階でさえも持続可能な開発を実現する道筋を獲得したとはいい難い．

11.2 アフリカの持続可能性における課題

本節では，アフリカにおける持続可能な開発について，主に経済成長と工業化をめぐる研究に関しどのような議論が展開しているかについて参照してみる．

11.2.1　近年のアフリカ経済―急激な成長と突然の停滞―

アフリカ諸国を巡る経済環境は，ここ20年の間にはきわめて大きな変貌を遂げている．最も顕著な変貌の第一は，平野が指摘するように，アフリカは2003年に突如として成長を始めたということである（平野，2009，p.201）．以来，アフリカ経済は年率5%を超えることもある高い成長を実現し，2003年以来今日まででGDPは名目で3倍増，実質でも2倍を超えている（図11.1参照）．これにより，アフリカ諸国は石油産油国を中心に急激に政府財務状況が改善するとともに，国内経済全般も大きく改善し始めた．これは，平野によれば中国・インドによる原油購入が大きな原因であるが，石油以外の一次産品や鉱物資源も中国およびインドが主な購入元になりアフリカ経済に寄与している（平野，2003，pp.203-230）．一方で，この急激な経済成長自体は，アフリカ経済が外部からの影響に脆弱であることの証左でもあることを忘れるわけにはいかない．

そして，2014年頃からの主に中国経済の減速による資源価格の急激な低下に伴い，石油収入に頼っていた複数のアフリカ諸国において経済停滞が明らかとなっ

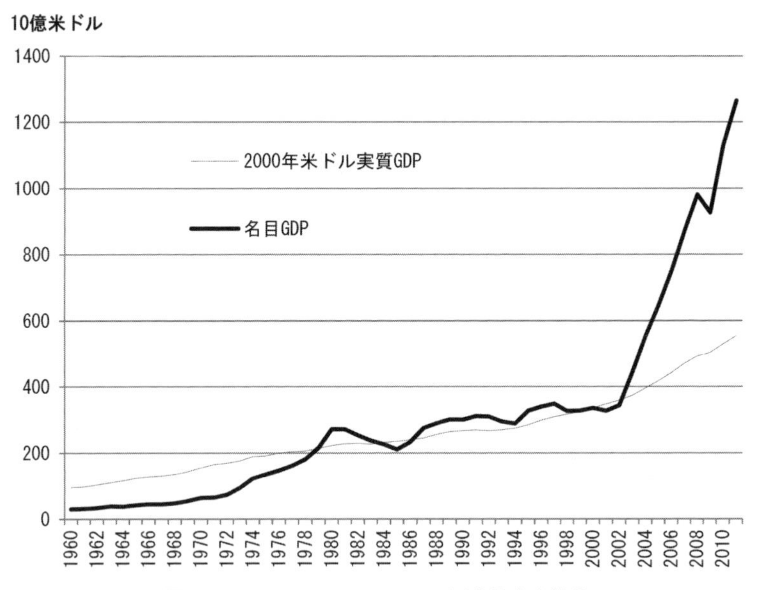

図11.1　サブサハラ・アフリカ国内総生産推移
（出典：世界銀行，Africa Development Indicators, Last updated 22/Feb/2013より，筆者作成，http://data.worldbank.org/data-catalog/africa-development-indicators）

ている．このような状況下で，外部のネガティブな影響をできるだけ低減させるうえでは，より多様な生産と貿易の構造をもっていることが有用であると考えられる．とくに工業化の進展が非常に重要な要素になることは論を待たない．しかし，どのように工業化したらよいのかについて明確な方策があるわけではない．

11.2.2　経済成長しても進まない工業化

国際経済フォーラム，世界銀行，アフリカ開発銀行による近年のアフリカ競争力の分析『Africa Competitiveness Report 2015』（World Economic Forum, 2015）では，過去十数年のアフリカの目を見張る経済成長にもかかわらず製造業は拡大しておらず，むしろサービス業を中心とした第三次産業が拡大していることが判明している．これは工業化が進展しておらず，第二次産業が縮小し第三次産業が拡大している状況を示しており，ペティ＝クラークの法則として知られる産業構造の展開がアフリカでは異なった様相であるとの指摘である（ibid, p.6）．この指摘は，ヨーロッパやアジアでたどってきた産業発展および経済開発の歴史と，アフリカのそれとは大きく異なる可能性があるという観点で，非常に重要な問題である．しかも，一般的に第一次，第二次，第三次と産業が移るに従い生産性も高くなるのが通常だが，アフリカの場合は第三次産業の生産性も高くないという（ibid, p.7）．この研究では，第二次産業が進展することによる経済開発の道をあきらめて第三次産業の進展をアフリカ型経済開発モデルと考えるのか，あるいはあくまで工業化を目指して様々な施策を求めるのかという，両方の可能性がありうることを示唆している．

これとは別に，アフリカにおける工業化に関する課題について，ブルッキングズ研究所，アフリカ開発銀行，国連大学の三者の協力で行った研究「Made in Africa：Learning to Compete in Industry」がある（Newman, Page, Rand, Shimeles, Soderbom and Tarp, 2016）．この研究では，サブサハラ諸国8か国（エチオピア，ガーナ，ケニア，モザンビーク，ナイジェリア，セネガル，タンザニア，ウガンダ）と，東南アジア諸国2か国（カンボジア，ベトナム）の合計10か国の工業化状況について調査し，その結果，東南アジア諸国は輸出志向の工業化を実現し，サブサハラ諸国は競争力が十分に向上させられず停滞状況だとの調査結果を示している．この研究で興味深いことは，通常の工業化のための処方箋（投資環境改善のための制度改革や海外直接投資の誘致等）を示しつつも，技術の伝播を目的とした企業クラスターを推奨するといった新しい視点も提供していることである．また，貿易と援助の調和も重要な一部として提言しており，「援助から貿易へ」という一方的な流れを転換する提言も示している．

これらの研究から理解されるところは，アフリカにおける工業化には十分な成長の勢いがあるわけでは必ずしもなく，外的要因に非常に脆弱な状況にあるといえる．アフリカにとって工業化するための道は「いばらの道」であることを両研究は示しているわけだが，はたしてその努力を払うだけの意味と効果があるのか，さらなる研究が求められる．

11.3　アフリカ開発銀行の役割

さて，工業化が停滞するアフリカをどのようにして工業化できるのか？　あるいは，工業化をあきらめるべきなのか．この課題に対処するため，アフリカ開発銀行グループ（AfDB）はどう対応しようとしているのか．AfDBは2015年に基本戦略を策定し，アキンウミ・アデシナ総裁のリーダーシップの下，「High 5」[9]と呼ばれる5つの開発課題に焦点を絞り支援を促進することとした．これら5つの開発課題は，アフリカにおけるSDGs達成の前提となると同時に，AfDBの開発戦略の根幹をなしている．これらの5分野は，アフリカの電化（Light up and Power Africa），アフリカの食糧増産（Feed Africa），アフリカの工業化（Industrialize Africa），アフリカの地域統合（Integrate Africa），アフリカの人々の生活の質の改善（Improve the Quality of Life for the People of Africa）を指す．AfDBでは，これらを総合して実施していくことで，工業化に不可欠な電力の普及，労働者の賃金抑制に効果があると考えられる食糧価格の引下げ，工業化を促す政策の促進，域内貿易を容易にするインフラ等の整備による工業化の促進，そして労働者が安心して働けてまた次世代の労働者が育成される循環を保健や教育セクターの強化を通じて実現しようとしている．具体的には，2025年までにアフリカのすべての人々が電気にアクセスできるユニバーサルアクセスを目指し，農業生産の増加により1億人の人々を飢餓と貧困から脱出させ，今後10年で8千万の雇用を創出し，そして工業分野のGDPを2025年までに2.3倍にすることを目指している．つまりAfDBは，アフリカの工業化をあきらめるのでなく，むしろ工業化を積極的に促進する戦略を取っていく決意を示しているのである．

11.4　ま　と　め

2016年は，日本の対アフリカ関係においては記念すべき年となった．1993年から続いてきた東京国際アフリカ開発会議（TICAD）が6回目にして初のアフリカ開催となり，日・アフリカ関係の新たな段階を迎えた．2000年前半までのTICADでは，日本からアフリカへの政府開発援助（ODA）が議論の中心だったが，その後わが国ODAの低迷期に入る一方で，2010年前後からの好調なアフリカ経済を背景として，民間企業による貿易・投資の促進へと議論が大きく転換した．2016年8月のTICAD VIには日本から数千人といわれる民間企業関係者が参加し，熱気溢れる会議が繰り広げられた．日本貿易振興機構（JETRO）が行ったサイドイベントでは，73本の覚書が民間企業等の関係者間で結ばれ[10)]，今後の展開が期待されるところである．

元々アフリカは，豊かな天然・鉱物資源や太陽光，水力，風力，地熱による再生可能エネルギー等に恵まれており，世界の耕作可能な未開拓地の65%をも有しており農業生産の可能性も高い．アフリカ諸国の人口は，2050年までには中国とインドを加えたレベルにまで達するとされており，中間層の人口増加に伴う消費市場の増大も期待される．これらのポテンシャルの先を見越し，既に中国やインド，またトルコといった新興国からの投資は増大しており，一部のアフリカ諸国では今後数年のうちに工業化を実現できる国が出現する可能性も見える．

本章では，アフリカにとっての開発とSDGsを考えるために，アフリカの植民地時代以降の経緯を振り返った．そこからは，アフリカ諸国の過去の植民地化やその後の経済政策また不安定な資源価格や国際政治状況を背景として，工業化の実現には不利な条件のほうが多い状況であることが見えてきた．アフリカの持続可能な開発に向けて，つまりSDGsを目指すためにも工業化の道を模索することは重要でありつつも，それ自体が困難な「いばらの道」であるといえよう．他方で，工業化を妨げているボトルネックと考えられる障害を解消するために，公的機関や政府機関とが連携し，また民間セクターの後押しをし，アフリカの国々と人々に貢献できる工業化を実現できるような下地を作ることが，今この瞬間に実施可能な方法論であろう．そのためにも，AfDBが実施する「High 5」と呼ばれる戦略は，アフリカの持続可能な開発の下地づくりに役立つものと考えられるのではなかろうか.

注と参考文献

1) 本稿は執筆者の個人的見解を示すものであり，執筆者が所属する機関・組織等の見解を示すものではない.
2) 欧州列強は，アフリカ等の植民地の住民を宗主国側資本が経営するプランテーションや鉱山で働かせるために，それまで存在していなかった現金による課税を導入し，貨幣を使ったことのない人々を半ば強制的に低賃金労働者の立場に追いやった. そのために，植民地の人々は自家用の農作物を栽培する機会を奪われ，以来，多くのアフリカ諸国では自家用食糧の自給率が低いままの国が多い（井野瀬, 1999, pp.59-62；北川, 1999, pp.183-184；松田, 1999, pp.200-203）.
3) 同様の状況についてはこれまで「モノカルチャー（単一栽培）経済」と教科書等で広く説明されてきたが，北川，高橋（2004, p.118）が説明するように，植民地支配下の経済構造の特徴は少数の資源や農産物の宗主国への輸出にあった点であり，「モノエクスポート経済」との表現がより適切であろう.
4) 英国の場合には第2次世界大戦の戦費による莫大な債務を返済するため，旧植民地の新興国に対して無償援助を与えることはほとんどなく，むしろ英国政府財政に負担とならない商業ベースの借款を中心とした. フランスは植民地を自国領土の一部と考え植民地の独立には否定的であり，他方で専門家の派遣や援助も提供したが，結果的に独立後の社会・経済開発が多く停滞した状況からは，フランスも独立後に寛大な援助を行ったとはいえない（遠藤，高橋，2014，pp.39-41）.
5) 「経済的自立の一環として開発途上国が推進した自国資源に対する恒久主権の確立に向けた運動のこと. 最も典型的な例が，アラブ石油産油国が1960年に結成した石油輸出国機構（OPEC）で，OPEC結成によってアラブ産油国は先進諸国からの経済的自立を果たした.」（「国際協力用語集 第4版」，p.138）
6) 例えば，多くの国営企業を設立し，経営的な考慮より不足する物資の供給を優先する輸入代替工業化を実施したり，輸入物資を安くするために多額の補助金を付けることで財政を圧迫する等. この背景は，独立直後に自国の民間企業が発展しない中で，国営企業を設立して主要な生産の役割を担わせ，先進国からの輸入品に貴重な外貨を支払うのでなく自国産業で代替しようという輸入代替工業化が，地元資本の基盤のない途上国にとって数少ない工業化への道と考えられていたことにある.
7) 具体的には，例えば政府職員を大量解雇して給与の支払い額を減らし，また行政サービスへの補助金も大幅にカットすること等で財政の健全化を目指すものである.
8) 多くの開発途上国では，最低限の保健や教育等の行政サービスが貧困層のセーフティーネットであった可能性があるわけだが，構造調整プログラムはその最後の砦を失わせ，多くの開発途上国で貧困状況の悪化につながった可能性が指摘されている．

9) www.afdb.org/en/the-high-5/

10) www.jetro.go.jp/biznews/2016/09/4d7fdbc175d5d7e1.html

・Bates, R.：Markets and states in Tropical Africa：The Political Basis of Agricultural Policies, University of California Press, 1981

・Newman, C., Page, J., Rand, J., Shimeles, A., Soderbom, M. and Tarp, F.：Made in Africa：Learning to Compete in Industry, Brookings Institution Press, 2016

・UNECA, AU, AfDB, UNDP：MDG Report 2015, Lessons learned in implementing the MDGs, Assessing Progress in Africa Toward the Millennium Development Goals, 2015

・UNICEF：The State of Worlds' Children, 1987

・World Economic Forum：The Africa Competitiveness Report 2015, 2015

・井野瀬久美恵：メアリ・キングズリの西アフリカの旅　フィールドワークにおける民族とジェンダー（栗本英世，井野瀬久美恵編著）「植民地経験　人類学と歴史学からのアプローチ」，人文書院，1999

・遠藤　衛，高橋基樹：アフリカにおける国際開発援助の展開と日本の役割（粟田匡相，野村宗訓，鷲尾友春編著），「日本の国際開発援助事業」，日本評論社，2014

・北川勝彦：南ローデシア植民地形成期におけるキングズリ・フェアブリッジ（栗本英世，井野瀬久美恵編著）「植民地経験　人類学と歴史学からのアプローチ」，人文書院，1999

・北川勝彦，高橋基樹：アフリカ経済論，ミネルヴァ書房，2004

・是永東彦：EU の対アフリカ政策と農業．「主要国の農業情報調査分析報告書（平成 16 年度），主要国の農業情報調査分析報告書（平成 16 年度）」，農林水産省，2004

・国際開発ジャーナル社：国際協力用語集（第 4 版），国際開発ジャーナル社，2014

・田中信世：EU と ACP 諸国の経済連携協定（EPA），「季刊 国際貿易と投資」国際貿易投資研究所，No.75，2009

・平野克己：アフリカ問題　開発と援助の世界史，日本評論社，2009

・古川光明：国際援助システムとアフリカ　ポスト冷戦期「貧困削減レジーム」を考える，日本評論社，2014

・牧野耕司：援助アプローチ・戦略に関する一考察「国際協力研究」，Vol.19，No.1，2003

・松田素二：西ケニア山村からみた大英帝国　個人史が世界史と交錯するとき（栗本英世，井野瀬久美恵編著），「植民地経験　人類学と歴史学からのアプローチ」，人文書院，1999

・渡辺松男：アフリカ・欧州関係の転換：コトヌゥ協定と特権ピラミッドの解消，平成 15 年度「地域主義の動向と今後の日本外交の対応」，日本国際問題研究所，2003.

12. アフリカにおける農業と技術

本章は2016年11月11日に東洋大学国際共生社会研究センター主催で東洋大学白山キャンパスにおいて開催された国際シンポジウム「アフリカにおける開発と環境―技術と社会の連携を目指した人材育成―」において筆者が行った講演“AGRICULTURE AND TECHNOLOGY FOR AFRICA”の講演資料（英文）をセンター事務局の責任において日本語に翻訳し刊行物としてとりまとめたものである．引用・参考文献のリストを含む英文の原資料および講演時のパワーポイントなどは講演記録（http://www.toyo.ac.jp/uploaded/attachment/110823.pdf）を参照されたい．

12.1 アフリカの農業の背景

国連食糧農業機関（FAO）（2009年）によれば，世界の栄養不足人口は，2007年の9億2,300万人から2009年の10億人超へと増加の一途をたどっている．栄養不足人口比率が最も高いのはサハラ以南のアフリカ（サブサハラ・アフリカ）で，3人に1人が慢性的飢餓状態にある．サブサハラ・アフリカの面積は 2.4×10^9 ヘクタールに上り，その約8%は耕作可能地および永年耕作地である．人口の60%以上が農業で生計を立てている（国際労働機関（ILO），2005，世界資源研究所（WRI），2005）．サブサハラ・アフリカにおいて，過去20年余りの間で最も耕地が拡大した地域の1つに，東アフリカのグレートレイク地域がある（Lepers *et al.*, 2005）．アフリカの農業は，長引く食糧不足，自然災害や気候変動の脅威に晒されており，現在危機に瀕している．アフリカの一部の国では，多くの地域で食料となる農作物が十分に生産されないため，コミュニティで食糧安全保障のために奮闘している．アフリカにおいて食糧安全保障を達成するためには，適切な技術が入手可能であること，そしてそれを利用することが地域の開発にとって不可欠である．食糧不足が日常となっている地域，とりわけサブサハラ・アフリカやアジアの一部において，地域レベルの食糧生産方法の構造改善に重点を置くのは，これが主な理由である．国連貿易開発会議（UNCTAD）「2010年技術・イノベーション報告書」によれば，こうした状況の下で食糧安全保障を達成するためには，適切な農業技術の導入が必要となる．財・サービスの需要が高まるとともに食糧需要は高まり続ける一方で，土壌の劣化や，宅地，産業開発，道路，換金作物の商業生産など他の利用との競合が進んだため，食糧生産に利用できる土地は減少している．アフリカには，農業を経済成長の原動力へと変えていくための3つの主要な機会が存在する．すなわち①科学技術の進歩，②地域市場の創設，③アフリカの経済改善に熱心な起業家精神にあふれた新しいリーダー群の出現である．

本章では，このうちとくに土地と水の管理，農業の機械化，農業における情報コンピュータ技術（ICT）の利用に重点を置き，アフリカの農業と技術の現状に光を当てていく．

12.2　土地と水の管理

アフリカにおける土地の管理に関しては，土地の劣化と砂漠化が主に問題視されているが，この他にも不適切かつ不公平な土地保有制度の問題があり，持続不能な農業慣行，土壌肥沃度の低下，貧弱な土地管理と保全，脆弱な自然生息地の農業・都市用途への転用により土地の劣化を引き起こしている（国連環境計画（UNEP），2002）．土地の利用と劣化は，他の資源や人々の活動，とくに農業に幅広い影響を与えるため，アフリカにとっての優先課題となっている（国連環境計画，2007）．

土地の劣化とは，エコシステムが自力では回復できないような障害が原因となってその機能と働きを失うことをいう．土地の劣化は，土地が植生，水，微気候を含むという意味で，土壌劣化より広い概念であり，次のような現象を含んでいる．すなわち，風や水による土壌侵食，養分の枯渇，砂漠化，土地利用と管理によって生じる塩類集積，化学物質による汚染（Bojo，1996）．土地管理とは，多くのアフリカ諸国において，食糧安全保障の妨げとなる最大の要因である肥沃度の劣化から土壌を守る活動を指す．土地管理においては，水の使用が土地の生産性を大きく左右するため，土地だけでなく水の使用も合わせて管理する．その原則の1つは，貯水能力を最大化する一方，流出による水の損失の防止や雨水の集水，浸透力改善，土壌面蒸発防止策によって，水分損失を低減することである．これは，天水農業および灌漑農業における水使用の効率，すなわち用水配分と送水効率の両方を高めることによって達成できる．

水使用の効率が悪いと，土壌の養分が侵食，溶脱，大気損失によって失われるため，肥沃度が低下する．持続可能な土地管理のもう1つの原則は，人々の生活向上である．土地利用者が投資の収益または見返りを所得や食糧の形で得られるような農業慣行は，容易に導入可能である．様々な慣行に関する金銭的・非金銭的費用便益を評価することは，アフリカにおいてはなかなか骨の折れるプロセスではあるが，是非行うべきである．やせた土地に有機肥料を含め十分な養分を投入できないことが，収穫量が伸びず土壌の養分枯渇の原因となっている状況を何とかするために，多くの農家が土壌管理戦略を導入した．どのような土壌保全策または土地管理策を適用する場合でも，環境への配慮が優先課題となる．それゆえ，エコシステム改善の原則を創り出す必要がある．そのために採用される手段は，植物の成長を促し，農業対策において投入資材が少なくて済み，仕組みとして最小限の要求で済む手段でなければならない．

肥沃度が劣化すると，土壌の生物学的・物理的劣化が進み，害虫や病気の発生，作物品種や作付け体系の変化を引き起こす．ひいては，土地の不毛化や劣化が拡大する．アフリカにおいては，土地の劣化対策のために様々な機関が持続可能な土地管理の努力を重ねてきた．持続可能な土地管理は，土壌の肥沃度，水の希少性，生物多様性や有機物質といった問題を扱う（Akatch，2004）ものである．環境を脅威から防護するための革新的システムと伝統的システムの両方を，持続可能な土地管理に取り入れることによって，土地の生産を増やすことができる．養分と水の保全技術は，急斜面のような水分損失の大きい地域における土壌保全の必要性，そして乾燥地域における節水と集水の必要性に応じて決まる（Verchot, *et al.*, 2007）．アフリカの国々では，段々畑や，保全耕起やランオフ・ファーミングなどの保全技術が一般的に使われている．

砂漠化や土地劣化と闘うアフリカにとって，これらの農業技術の採用は，土地と水の管理においてきわめて重要である．このような技術の採用は，次のような成果につながる．すなわち所得の上昇と貧困の軽減（Kassie *et al.*, 2011，Minten *et al.*, 2007），栄養状態の改善（Kumar and Quisumbing, 2010），91種類の主食価格の低下（de Janvry and Sadoulet, 2002，Karanja *et al.*, 2003），雇用機会の増加と土地をもたない労働者の所得上昇（Binswanger and von Braun, 1991）である．アジア諸国が経験した緑の革命においては最新技術の採用が成功の主な要因であると指摘されている（Ravallion and Chen, 2004）．グローバルなレベルでは，極度の貧困と飢餓の撲滅を目指すミレニアム開発目標（MDG）1を達成するために，最新技術の採用がきわめて重要であるとされてきた．

農業技術は，食糧生産を増やし，近年の食糧価格ショックの底流にある長年の危機的状況に対処していく上で必要となる様々な手段の1つである．新しい技術の導入は，具体的な状況において適切なものであることが重要である．そのために，次のような要素を検討する必要がある．すなわちその技術は効果があるか，付加価値をもたらすか，耐久性に優れているか，公平であるか，不都合な点は何か，そして事実に反することは何かである．適切な技術の種類として伝統的，従来型，中間技術，新しい基盤技術がある．アフリカにおいて農業技術の利用に向けた様々な取組みが行われている．例えば，南アフリカにおいては，ネドバンク（Nedbank）が農業技術の利用を促してきたが，自然保護団体である南アフリカ世界自然保護基金（WWF）の持続可能農業プログラムを通じて，農業のベストプラクティスに報奨を与えている．このプログラムは，持続可能かつ革新的な手段によって食糧安全保障上の課題に対応し，天然資源保護に取り組む試みである．

ケニアにおいては，ケニア気候イノベーションセンター（KCIC）が，地元で開発された技術を，東アフリカ地域全体に活用し促進することが期待されている．世界銀行グループのinfoDev気候技術プログラムによって設立されたKCICは，農業生産性および農産物加工を増進するために，気候技術事業を支援している．KCICは，農家による気候変動への対処を支援し，農家が農業生産の計画を立てる上で有益な情報を提供している．さらに，気候変動の影響に対抗するための技術とノウハウを身につけるよう，農家に対する指導も行う．KCICの支援を受ける企業は，資金，事業の助言，市場調査，製品の開発やデザインのための施設にアクセスできる．これによって，農業およびその他農業支援部門の企業を含め，企業が投資家にとってより魅力ある存在となる機会が与えられると期待される．ケニアのほか，エチオピアと南アフリカにおいても，気候技術センターの設立が計画されている．

ジンバブエの農村では，国連食糧農業機関（FAO）によって電子バウチャー（Eバウチャー）システムが導入された結果，現金に困っている小農が農業用投入資材を入手しやすくなった．このバウチャーシステムは，農作物と畜産物の生産によって，困窮する家庭の食糧事情を改善するために作られた．また，このプログラムによって，市場機能を回復させ，投入資材への補助金を提供し，また農家が必要とする投入資材を必要なタイミングで利用できるようになることで，ジンバブエの農村における脆弱な農業用投入資材サプライチェーンを甦らせることができるものと期待されている．このシステムを通じて入手できる投入資源には，農業機械の補修部品だけでなく，様々な種子，肥料，石灰，農薬，農具などがある．キックスタート（KickStart）社は，マリ，タンザニアそしてケニアにおいて，マネーメーカー・ヒップ・ポンプ（MoneyMaker Hip Pump）やスーパー・マネーメーカー・ポンプなどの携帯用ポンプを，35 ドルから 95 ドルで小農に販売している．

マラウィ，ルワンダ，スーダン，ウガンダ，そしてザンビアでは，多数の農家が低価格のポンプを灌漑目的に使い始めた．フィッシャーは，彼の組織ではポンプを無料で与えるのではなく販売している．なぜなら，販売することによって人々の依存心ではなく起業家精神を育み，本当に必要とする人がポンプを入手できるようになるからだという．

さらに北方のナイジェリアにおいては，携帯電話技術が革新と開発にとってきわめて重要であることが証明されつつある．そこでは，「成長強化支援スキーム」と呼ばれる取組みによって，モバイル技術が見事に活用されている．農家はこのスキームにより携帯電話または「電子ウォレット」を使って肥料や種子の支援を受ける．ケニアでも，農産物の市場価格に注意を向ける上で，携帯電話が農家の役に立っている．ケニアの農産物取引所は，モバイル通信事業者のサファリコム（Safaricom）と提携して，農産物価格情報をテキストメッセージで農家に提供するプラットフォーム SokoniSMS64 を立ち上げた．M ファーム（M-Farm）も類似のサービスを提供している．

畜産農家は，「世界初の牛のモバイルカレンダー」と銘打ったモバイルアプリ iCow を使って，牛の妊娠期間や子牛の成長を，ショートメッセージサービス（SMS）と音声サービスにより追跡できる．ファームサポート（FarmSupport）のような天候アプリは，インターネットやスマートフォンを通じて，最新の天気予報をアフリカ全土の農家に提供している．このアプリは，農家が使用した肥料の種類と量だけでなく，どんな作物をどこに植えたか，さらに収穫量に関する情報までも，クラウドソーシングにより収集している．そのクラウドソーシング機能は，Geo-Wiki を修正して使用し，データ提供者と農家の間の双方向コミュニケーションを促進する．研究者がこのデータを分類・整理することによって，食糧安全保障に向けたより正確な早期警戒システムを開発し，アフリカにおける現在の収穫量格差のより正確な推計をもたらすことができる．農業における革新は，生産性向上，雇用創出，アフリカ大陸における食糧事情の改善に大いに役立つ．アフリカの農業部門の成長を妨げている課題に効果的に取り組むためには，農業科学者は連携を強化し，アイディアや専門知識を共有する必要がある．結局のところ，アフリカ人以上にアフリカの問題をうまく解決できる者はいないのだ．

12.3 農業の機械化

アフリカ，とりわけサブサハラ・アフリカにおける農業は，自給自足型が支配的であり，あらゆる面で機械化レベルの低い状況が続いている．整地と除草のための主な農具は，依然として鍬である．実際のところ，多くのアフリカ諸国において，機械化，とくにトラクターの使用は減少した（図 12.1）．以前からあったトラクターの貸出しサービスは減少したか，事実上消滅してしまった（Mrema *et al*., 2008）．ベッティンガー他（Böttinger *et al*., 2013）による調査では，農業の機械化レベルを 12 段階に区分し，鍬が優位を占める段階をレベル 1，自律走行車が優位を占める段階をレベル 12 に分類しているが，アフリカの農業をランク付けするとしたら，レベル 1 ～ 4 に分類されたであろう（図 12.2）．最も農業の機械化の進んでいるドイツは，この分類において人力の使用が 10% 未満のレベル 11 となっている．

カメルーンのように小農が支配的なレベル 1 の国々では，農作業の 85% が鍬を使って行われる．そうした国では，トラクターは，主として大規模な商用農場において使用される．同様のケースは，その他のアフリカ諸国の大部分，例えばケニアに当てはまる．他方，南アフリカは高度の機械化が進んでいるレベル 8 に分類されたが，この機械化は，かつての白人の農場で進んでいた可能性が高い．農業機械に対する将来需要の評価において，アフリカはほぼあらゆる種類の農業機械に対する潜在需要が高い地域と分類される．

アフリカにおいて農作業機械化の試みが行われたところはどこでも，単調な重

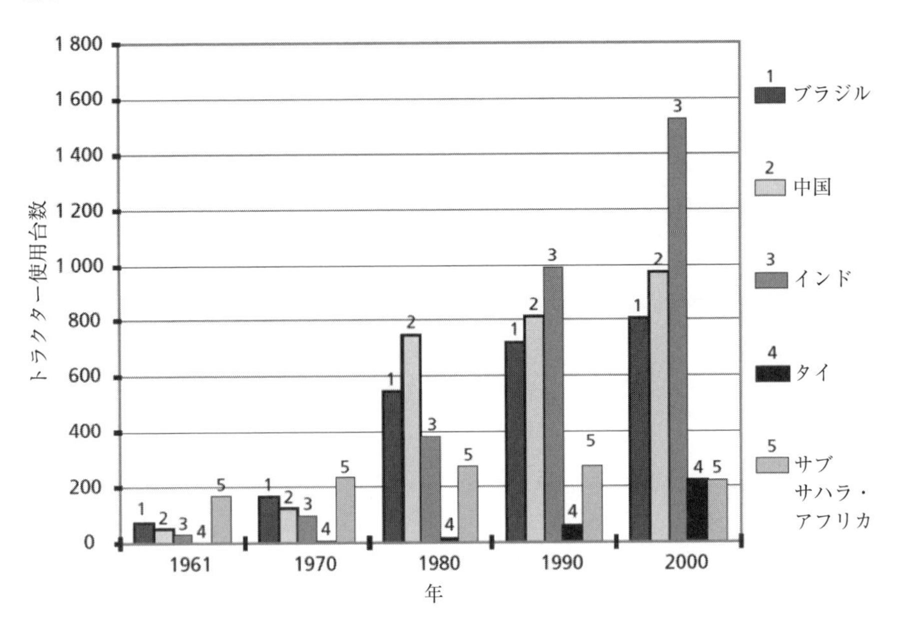

図 12.1　サブサハラ・アフリカとその他の発展途上国におけるトラクター使用数の比較 (FAOSTAT/AGS, 2004)

レベル	農業動力の特徴	人力	畜力	トラクター	公称速公称速度（Km/h）前進	公称速公称速度（Km/h）バック	変則段数 前進／バック	シフト	PTO（パワーテイクオフ）回転数rpm
1	人力優位	>80	≦20	≦5					
2	畜力使用	46-80	21-39	≦10					
3	トラクター使用	15-45	≧40	≦19					
4	トラクター優位	20-50	15-30	20-49					
5	全面モーター技術レベルI	≦25	≦25	50-75					
6	全面モーター技術レベルII	≦10	≦10	>75	2-20(25)	3-8	6/2-8/2	SG, CS	540
7	全面モーター技術レベルIII	〃	〃	〃	2-30	3-10	8/4-12/4	CS, SS	540/(1000)
8	全面モーター技術レベルIV	〃	〃	〃	(0.5)2-30(40)	3-15	12/4-16/8	SS, HL	540/1000
9	全面モーター技術レベルV	〃	〃	〃	(0.3)2-40(50)	2-20	16/12-36/36	SS, PPS, FPS	540/1000 (750/1250)
10	全面モーター技術レベルVI	〃	〃	〃	0-50(60)	0-25	∞	autom.	
11	中程度の自律走行車シェア								
12	高程度の自律走行車シェア								

出典：クラーク他（2002年）／レニウス（2005年）を元に作成

図 12.2　農業機械化の 12 段階

労働が減り，食糧生産が増加した．トラクターや耕耘機や畜力（DAP）の導入により若者が農業に参入して，マリやガーナなどの国では耕作面積の増加が見られた（Fonteh, 2010, Sims *et al.*, 2007）．ケニア（Ghutiga, *et al.*, 2007）やナイジェリア（Haque *et al.*, 2000）でも類似の調査結果が得られた．

アフリカの農業においては小規模農場が支配的である，という事実が機械化に対する大きな障害となっていることが判明した．この点は，ほとんどの農場が中規模であるアジア諸国とは異なる．他方，アジアおよびアフリカの過去30年間の経験から，サブサハラ・アフリカにおける機械化のための教訓を集めることはできる．

第一に，商業目的の農業を促進し，農園および非農園事業の収益性増加のために必要な投資と支援を集中させることによって，機械化投資の収益性を高めることに注意を払うべきである．この点に関して，自らの農場で使用する機械や農具に投資するだけでなく，そうした資本投資を行えない小農に，機械化サービスを提供するための投資を行おうとする起業家精神あふれる農家があるかどうか，これがきわめて重要なポイントとなる．第二に，機械化を長期にわたる課題として戦略的に見る必要がある．短期的には機械化の収益性が認められない場合が多いことを示す研究があるにもかかわらず，南アジアの大規模農家はトラクターへの転換を推進した．そこでは，機械化の短期的影響はそれほど重要ではなく，経済成長および農業の工業化を目指す幅広い経済開発戦略の一環として機械化を捉える，より戦略的・長期的視点が採用された．その結果は，40年間にわたるアジア農業の劇的な変革であった．アフリカもこの大胆な方法を取るべきである．大規模農家が機械を獲得し，周辺の中小農家に支援サービスを提供するという混合形態（例えば，ケニアのドミニオン（Dominion）ファーム）は，機械化の価値を認識するきっかけとなりうる（Mrema *et al.*, 2008, Ozor and Urama, 2013, Gabre, 年不詳）．

アフリカにおける農業の機械化は，整地作業にとどまらず収穫時さらに収穫後の作業に至るまで進めるべきである．報告によれば，開発途上国で栽培される園芸作物の40～50%は，消費される前に失われる．同様に，穀物の30%以上が収穫時および収穫後作業で失われる．アフリカ農業の機械化においては，1つの機械が，整地，運搬，収穫時および収穫後作業など複数の機能を果たすような，多目的装置に投資を行う必要がある．タンザニアでは，園芸作物の損失を最小限にとどめるために最も重要な作業は，梱包と温度管理であることがわかった（Saran *et al.*, 2012）．すなわち，単純な気化冷却システムを導入すれば，園芸作物の貯蔵可能性を高めることができる．単純な密閉袋を使用すれば，穀物の貯蔵可能性が高まり，害虫の侵入が抑えられることもわかった.

結論として，アフリカ諸国は農業の機械化に投資を行わなければならない．とりわけ，トラクター導入数を現在の 100 km^2 当り 13 台から，少なくとも世界平均の 100 km^2 当り 200 台に増やさなければならない.

12.4 バイオ技術，バイオ化学技術と作物育種

アフリカ農業は，収穫量の低さ，水不足の影響，やせた土壌，害虫被害に悩まされている．とりわけ熱帯という環境が，様々な害虫，作物を食い荒らす虫や雑草に付く害虫などの増殖を助長する．それゆえ，干ばつに耐えうる高収量作物で，害虫に強い品種の開発が重要である．また，施肥効率の高い作物品種の開発も必要となる．さらに，アフリカは施肥量においてアジアやラテンアメリカの開発途上国に比べて少ない．遺伝学や育種により，多くの農作物の栄養価を高めるだけでなく，将来の農作物生産を増加することに大きく貢献できる（Juma, 2011, Ozor, 2013)．アフリカにおいて作物育種から生まれた代表的な生産物には，アフリカの新しい米（NERICA)，生物学的に栄養強化されたアフリカのモロコシ（ABS)，水有効利用トウモロコシ（WEMA）などがある．こうした作物育種は，遺伝子組換え作物（GMO）をわかりやすく説明する努力を含め，農業開発における優先事項である.

アフリカにおける小農の無機肥料使用量は，世界平均のわずか 10 分の 1 である（UNCTAD, 2010)．補助金の交付や地元生産の開始など，政府による直接介入により無機肥料の使用を促進する必要がある．一方，アフリカ諸国においては，天然ガスなどの原材料不足のため，その可能性は限られている．他方，だからといって，アフリカ諸国が自前のバイオ肥料や窒素吸収を高める摂取剤を開発できないという訳ではない．ナノテクノロジー，バイオ技術，土着の技術，食料品開発を多角化するための収穫後技術，こうした技術の使用に関して研究と革新の機会は存在するはずである（Kiplagat, 2012, Reij and Waters-Bayer, 2002).

12.5 農業における ICT 利用

世界中の多くの国，とくにアフリカを中心として，食糧安全保障の不確実性が

高まっており，農業に重点を置く必要性が増している．食糧は人々の食生活と健康に不可欠な要素であるため，農業の改善が長期の開発に向けた第一歩となる．デロイト（Deloitte, 2012）は，農業開発プロセスにおける ICT の重要性に鑑み，アフリカにおける ICT の貢献に言及している．中国同様，アフリカ農業を支えているのは小農であるが，これらの農家は重要な情報，市場円滑化，金融サービスへのアクセスがない（Deloitte, 2012）．米国国勢調査局（2009 年）によれば，世界の人口は 1959 年（30 億人）から 1999 年（60 億人）の 40 年間に倍増している．他方，世界の労働人口に占める農業従事者の割合は，1980 年の 50.4％から 2010 年の 39.9％へと逓減している（FAO, 2011）．農業技術と農業機械の進歩が世界の農業労働力減少をある程度補ってはいるが，これはアフリカには当てはまらない．アフリカにおける格差は，主として農村から都市への移住によって生じたからである．

農業研究により生産システムは着実に改善してきたが，有益な情報や提案は，こうした研究結果の対象となるべき人々に発信されずに，むしろ研究者や学者の間で供覧されてきた．新しい知識が得られない農家は，伝統的な農法に頼り，他の農家から様々な提案を口伝てで得るしか方法がなかった（Kalusopa, 2005）．農家にこのような有益な研究結果を伝え，農家がそれによるメリットを享受できるようにしなければ，農業生産は縮小の一途をたどるしかないだろう．

近年，農業の運営と農家の生計の両者を向上させるには，情報通信技術（ICT）が主要な鍵であることがわかってきた．情報は，知識獲得，意思決定，コミュニケーションのためのツールとして機能する（Kalusopa, 2005）．ICT には，データ収集，データ処理，情報管理，そして情報発信・参加者間コミュニケーションのための技術が含まれる．過去 10 ～ 15 年間，ICT は，人々の働き方，遊び方，そしてコミュニケーションの方法を変えてきた．こうした変化の多くが世界中で見られるが，先進諸国に限定された変化もある．これらの変化はあまりにも浸透しているので，変化前の世界とはどのようなものであったか思い出すのも難しいほどである．ICT はそうした変革を達成する重要な手段と見られている．ICT 産業において，現在，人々の理解の仕方と ICT ツールの使用法を劇的に変化させる革命が進行している．それは完全なパラダイムシフトを起こそうとしている．

例えば，農業開発において新しいパラダイムが急速に出現しつつある．先進国でも途上国でも，農村地域の開発全体が新しい方向へ拡大している．市民に重要なサービスを届ける旧来の方法が課題に直面しており，一方，世界中で，伝統的な社会が知識社会へと転換しつつある．ICT 革命は，私たちの世界における社会開発と経済開発のいずれにも巨大な影響を及ぼした．ICT は，知識を生み出し，吸収し，発信し，保護し，かつ知識を利用して社会変革を引き出すための能力を開発するにあたり，強力なツールとなることが証明された．

これまでのところ政府と少数のサービス供給業者の特権である改良普及事業は，農村地域において農業を中心とする ICT の革新的使用法の開発と利用によって強化されてきた．それは，農業生産性の向上とリスクの最小化を目的として，農業振興と農村開発に重点を置く新興の分野である．ICT が地域の農業コミュニティに科学的知識を提供するツールとして幅広く使われれば，開発途上国の農村地域に知識社会が到来するだろう．とはいえ，それは，総合的な農業・農村開発のために知識と情報を効果的に利用する場合にのみ実現されるものである．

ICT は開発途上国に限定されるものではない．例えば，カナダは環境保護と経済成長を促進するために ICT を必要としている．カナダでは，工業と農業の両分野において市場条件を変えるために ICT が開発された．カナダは，デジタル技能の訓練と情報技術専門家の養成に重点を置いている（Wolfe and Bramwell, 2012）．同様の傾向は中国でも見られる．

中国の ICT は，グローバル化と市場改革によって急速に進展した．中国では急激な変化が起きており，その重要かつ独特の開発手法ゆえに世界の注目を集めている（Yu and Li-Hua, 2010）．中国は，アフリカの多くの開発途上国と同様，農村優位の国であることは周知の事実であり，中国の農村地域における農業関連 ICT の進展は，主要なステークホルダーにとっての最優先事項であった．中国においては，情報通信スキルが農家の近代的能力を高める「触媒」となるように，農村における農業と政策のあらゆる側面が検討された（Soriano, 2007）．アフリカで進展する高度な農法では，知識集約性が重要となる．したがって，開発途上国の農業パラダイムは，複数の目標，とりわけ所得，食糧，雇用創出などを達成するために，知識を有効利用して，再構築していく必要があるだろう．そうしたパラダイムの発展には，「Interdisciplinary Dialogue on IT：Reaching the Unreached」（Swaminathan, 1993）が明らかにしたように，ICT が重要な役割を演じる．

2009 年，InfoDev は，アフリカにおいて持続可能な農業と食糧安全保障のための ICT プログラムを実施した．InfoDev によれば，ICT ベースのマーケティングは，農家に有機肥料の採用を促進させ，土質の改善によって営農コストを下げ，市場の需要を満たし，自らの生計を立てることを可能にする．これは，農業生産および農産物市場情報の入手可能性を改善するのに，ICT が重要な役割を果たすことを示している．さらに，InfoDev は，アフリカの地域コミュニティ職員，農民および農業改良普及員向けに，能力開発ワークショップを立ち上げた．一方，各国はそれぞれ独自の ICT 様式または統合された様式群を必要とする．例えば，人口 13 億人の 67%を占める 8 億 7,100 万人の中国の農民にとって，InfoDev 様式はふさわしくないかもしれない．農民 1 人ひとり，とくに教育水準の低い人々や高齢者に ICT の使用法を教えることは現実的ではない．

農業は，他の部門と同様に ICT 革命と最新の ICT イノベーションの恩恵を受け，農業部門の開発を異なる形で展開させてきた．ケニアでは，大半の農村家庭がテレビと携帯電話を所有し情報源として使っている．農業において，ICT は，GPS ナビゲーション，衛星通信，ワイヤレス接続のような高度な最新技術から，ラジオやテレビなどの旧式技術まで，広範にわたり使用されている．ICT は，ケニアの社会組織と農業生産活動に新たな推進力を与えたが，効果的に取り入れていけば，変革を起こす要素となりうる．モバイルアプリによるデータの収集，監視，評価が，伝統的な情報の収集および利用方法に急速に取って代わりつつあり，その結果はすばらしいものがある．「知識」そのものが農業開発全般の技術となった．急激に変化する現在の世界において，農業改良普及活動は，最新農業の投入資源としての知識（情報）と助言を届けるために，欠くことのできない仕組みとして認識されている（Jones, 1997）．他方，その活動は，「技術パッケージ」を移転するという狭い思考パターンを超えて，農業向けに統合されたシステムを通して「知識/情報パッケージ」を移転する，という考え方を取り入れなければならない．

農業向けに統合された情報システムを使えば，利害関係者はデータの重複をできるだけ抑え，整合性を確保し，データの完全性を高め，様々な情報ニーズに対応することができる．ケニアの支援センターネットワーク，ドラムネット（DrumNet）はそうしたシステムの一例であり，金融，マーケティング，その他の情報製品やサービスの供給という形で，実地指導を行っている．そうしたシステムは複雑ではあるが，ユーザーにとっては比較的簡単に利用できるようにカスタマイズ可能である．保守コストも時間も比較的少なく，必要なユーザートレーニングも減らすことができる．

ICT は，農業部門において，ビジネス，農家，研究者，政府の 4 つのグループに恩恵を与える（Deloitte, 2012）．デロイト（Deloitte, 2012）によれば，農家は ICT を使って，農業の各段階で情報を共有する．例えば，これら 4 グループは，耕作に入る前に，ICT を通して協力しながら作物/土壌の選択，カレンダー作成，さらには灌漑スケジュールやスキーム全体の管理に至るまで行うことができる．デロイト（Deloitte, 2012）は，コンピュータや携帯電話や衛星を使って，アフリカの小農が直面するいくつかの課題や問題への対処を支援した．これにより，農家のコミュニケーション知識とサービスが強化された．さらに，ウォルフとブラムウェル（Wolfe and Bramwell, 2012）は，ICT の使用が刺激となり個人と組織の行動に変化が起きていることに気づいた．アフリカにおける ICT 使用に関するこうした事例研究は，農業における ICT の便益を十分に示しており，開発途上国にとって有益な経験となっている．FAO は，2015 年から 2016 年にかけて，欧州委員会とモザンビーク政府の資金援助の下に，モザンビーク初の E バウチャースキームを立ち上げた．このプロジェクトは，農家にサブサハラ・アフリカ資材市場へのアクセスを提供し，農業資材販売業者を関与させることにより，質の高い農産物の流通を高めることを目的とする．

モザンビークの主要な経済活動は農業であり，同国では 320 万人の小農が農業生産高の 95%を占めている．非効率的な生産と流通のために国産農産物の競争力は低下した一方，信用供与を受けることのできる小農の割合は，過去 10 年間に徐々に減少した．このバウチャースキームは，主として新興小農および自給自足農家を対象とし，とくに農村女性および女性世帯主に焦点を当てたプログラムである．ティゴ・ルワンダ（Tigo, Rwanda）は，また別の農業向け支払いシステムを立ち上げた．

アルドブランディーニ（Aldobrandini, 2016）によれば，ティゴ農業決済ソリューション（Tigo Payment Solution for Agriculture）は，地域農家のコミュニケーションと支払いの円滑化を目的として，農業部門にモバイルソリューションを提供するために創出された．これは，金融アクセス・ルワンダ（Access to Finance Rwanda（AFR）），ウッド財団（Wood Foundation），トレードマーク・イーストアフリカ・チャレンジ基金（TRAC），地域の貯蓄信用協同組合（Savings and

Credit Co-operative Organisations（SACCOs））の提携の下に創られたプラットフォームで，ギクンビ（Gicumbi）地区のムリンディ（Mulindi）とルシジ（Rusizi）地区のシャガシャ（Shagasha）の両製茶工場で働く農民の生活を改善した．ティゴ農業決済ソリューションによって，10,000 を超えるムリンディ，ルシジ両地区の茶農家が，デジタル金融プラットフォームを使用するようになった．FAO の取組みには，このほかに天然資源管理における ICT 利用の促進がある．FAO によって開発された「公開の土地保有（Open Tenure）」と呼ばれるソフトウエアはソースコードが公開されており，コミュニティが天然資源管理を向上させるのに役立つ．コミュニティの構成員は，タブレット端末とコミュニティサーバーを通してこのソフトを使えば，自分たちのコミュニティの土地保有権の地図を作成し，関連情報を収集することができる（Aldobrandini, 2016）．

ケニアでは，携帯電話の導入が農業部門に大変革をもたらし，農業の効率性と収益性が劇的に向上した．携帯電話サービスの普及によって，農家は自らの生産物をタイミングよく市場に直接運び込み，市場では卸売業者が中間業者を通さずに生産物を買うことができる．

ICT は農業のバリューチェーンにおいて重要な役割を果たすが，様々な種類の ICT は，特定の用途に利用する場合様々な長所や短所をもっている．ICT の影響は多岐にわたり，様々な形で市場競争力を左右する．しかしながら，技術に目を奪われて人々や組織の存在を忘れてはならない．ICT の恩恵に関する一覧表が作られたり議論されたりするが，その一方で，農村では未だに多くの農家が ICT にアクセスできず，それを使いこなす能力をもたない．アフリカの農村の人々は，適時に意思決定を行うための重要情報にアクセスしたくても，基本的なコミュニケーションインフラが未だに欠如しているのである．農業に ICT を活用することにより，アフリカの農村に住む人々が直面する問題を解決する可能性が生まれ，農家に科学的情報を適時に直接提供することにより，農業生産が促進されるようになる．今や農家は，生産量を増やし，自らの農産物価格の設定に参加するために，農業の趨勢と農業に必要な技術に関する情報を必要としている．これを実現するためには，大規模の ICT 活用を最優先で行わなければならない．しかしながら，アフリカの農民の大半は貧しく文盲であり，それゆえ，入手できる最高の道具とサービスを提供するとしても，必ずしも彼らが使いたいと思うものとは限らないのである．

13. マサイ・コミュニティとSDGs

持続可能な開発目標（SDGs）の達成には，個別分野的ではなく分野横断的なアプローチが求められることはいうまでもない．本章では，筆者らが2017年2月に訪ねたケニアのマサイ・コミュニティにおいて居住，水，教育を切り口とした現地調査から，SDGsに向けた論点を素描することとしたい．

現地調査を実施したマサイ・コミュニティは首都ナイロビから南へ160 km，タンザニアとの国境付近に位置し，行政上はナマンガ・ディビジョン（Namanga Division）にある[1]．2009年のセンサスによると，ナマンガ・ディビジョンの面積は2,260 km^2で，人口は52,401人，世帯数は11,607世帯である[2]．また，民族別の人口構成をみると，マサイが最大の人口規模を占めている．

13.1 マサイとその社会

マサイ（*Maasai*）は，ケニア南部からタンザニア北部にかけての乾燥・半乾燥地に居住する東ナイル系の遊牧民族である．主に牛の牧畜を生業としており，伝統的にはより良い放牧地を求めて移動をしていた．儀礼や紛争解決にも牛は欠かせないという[3]．主食はミルクとヨーグルトであり，家畜の肉や牛の血も食する．

マサイは，16ないし20[4]の地域集団（*oshon*，英訳はsection）に分かれており，地域集団のテリトリーはそれに属するメンバーが遊牧する範囲として共有される．地域集団は対立や同盟の単位であり，年齢体系で通過儀礼を統括する単位でもある[5]．今回訪問したのは，マタパト（*Matapato*）という地域集団であったが，そこに8つの氏族（clan）がいるという．

マサイは，厳格な年齢体系をもつ．「少年」はまず割礼を受けることで「青年（「戦士」とも訳される）[6]」になる．割礼を一定の期間内に受けた青年で1つの「年齢集団[7]」（age group）が構成され，さらに数年後に結成された年齢集団とで

1つの「年齢組」(age set) が組織される．年齢組は共にいくつかの通過儀礼を経て「長老」になる．一方，少女は割礼を経ると大人とみなされ結婚が可能となる．しかし，2011年にケニア政府は女子割礼（女性器切除）を禁じており[8]，今回訪ねた幼稚園の壁にもその弊害を訴える絵が大きく描かれていた．

また，マサイの社会は父系制であり伝統的には一夫多妻制をとる．次節に見られるように，妻たちはそれぞれの住居をもちながらも同じ所に暮らしている．

13.2　マサイの伝統的住居「マニャッタ」の空間構成

SDGsの目標（ゴール）11「持続可能な都市と居住」や第3回国連人間居住会議（HABITAT III）における「ニュー・アーバン・アジェンダ」をはじめとする近年相次いで発表された世界的な開発目標において都市計画の役割が強調されている．しかしながら，多くの開発途上国において旧宗主国を範として導入された近代都市計画の枠組は事実上機能不全に陥っており，各社会に固有の空間構成を踏まえつつ，こうした都市計画のありようを根底から再考することが求められる．本節では，その第一歩としてマサイの伝統住居「マニャッタ（*manyatta*）」の空間構成を読み解いてみたい．

筆者らが訪ねたマニャッタには4人の妻をもつ年齢70歳の男性を世帯主とする家族が住んでいた．マニャッタは半径15～20mほどの概ね円形のものを中心として，（後述するE小学校の教員である）世帯主の甥の住居部分（図13.1中の⑥，⑦）が拡張され，さらに，第一夫人（調査の1週間ほど前に死亡）とその息子（独身）の住居（それぞれ⑧，⑨）がやや離れて建つ．マニャッタの周囲や内部は棘のあるアカシアで作られた高さ80cm～1mの囲いで仕切られており，人や動物の侵入を防いでいる．門の両脇には枝が立てられ，容易にそれが門であると判別できる（図13-1写真AおよびB）．マニャッタの居住空間には住居のほか，物置小屋，山羊や牛の囲いなどがあるが，マニャッタの南方より流れる（調査時点で水無しの）小川は，居住空間を避け，マニャッタ東側にある牛の囲いをかすめるように通る．

各住居の居住者を見ると，マニャッタの門を入って右側奥には第一夫人の既婚の長男と世帯主の姉が住む住居（①），その手前には第四夫人と5人の未婚の息子が住む住居（②）と第二夫人の住居（③）があり，左側には第二夫人の未婚の息

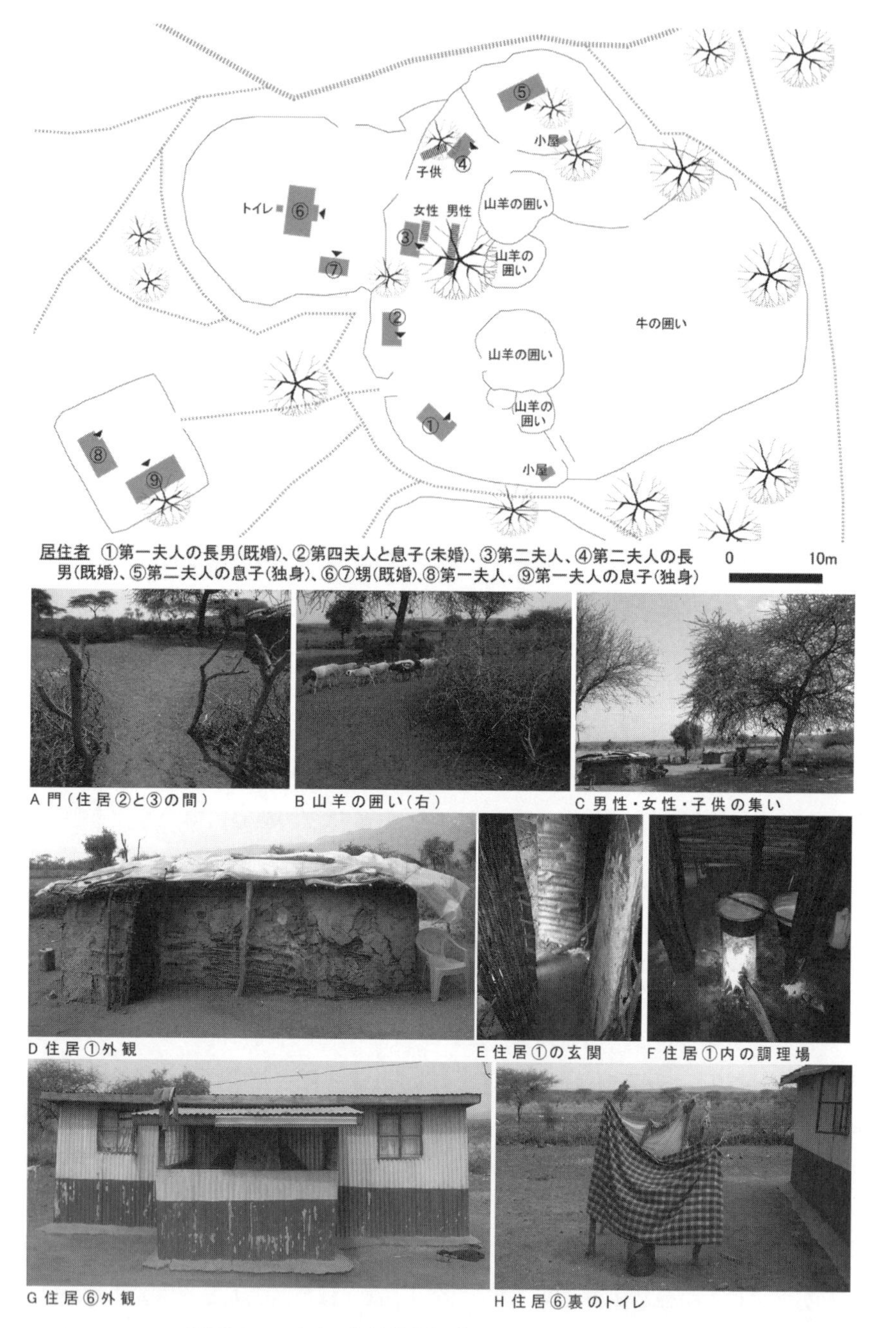

図 13.1 マサイの伝統的住居「マニャッタ」の空間構成

子（2 人）と既婚の息子家族の住居がある（それぞれ④，⑤）．独身の息子は母親と住むことが一般的であり，第二夫人はしばしば住居④にも滞在する．また，調査時は第一夫人が亡くなって間もなかったことから，訪問客もあったが，男性と女性は異なる場所に集い，また，子どもはさらに別の場所（住居③裏の木の下）で遊んでいた（写真 C）．

住居①，②，③，④，⑧は伝統的な様式の住居であり（写真 D），その形状は 4 m×2 m 程度の矩形，風などが住居内に直接入らぬよう玄関は狭く，かつ，玄関は外にせり出して作られている（写真 E）．住居は木造の土壁，屋根の形状は寄棟に近く，アカシアなどの枝が用いられている．住居の内部は 1 部屋で（天井高は概ね 1.5 m），中央に調理場（写真 F），家族で住む場合は向かって右側に男性，左側に女性と子どもの寝床がある．寝床は神聖な太陽の方向である東西に向けないことが望ましいとされているそうだが，住居②などすべての住居がそのとおりであるとは限らなかった．

その一方，こうしたマニャッタも徐々に変容しつつある様子がうかがえた．例えば，住居⑥はトタンで作られて，その形状も伝統的なものとは異なるし（写真 G），（通常，用はマニャッタ内の囲いやマニャッタの外で済ませるが）住居裏に簡単なトイレも備えていた（写真 H）．また，住居⑤や⑨といった息子世代の住まいもまた伝統的な様式ではなかった．さらに，これらいずれの住居の玄関も，その形状などにおいて風の吹き込みはとくに意識されていなかった．

こうしてみると，マサイの伝統的住居「マニャッタ」という空間は，小川を避けた居住空間の配置，風を防ぐ玄関，地域に豊富なアカシアの枝の利用をはじめとして自然と共生して作られており，また，第一夫人や長男などマニャッタにおける重要人物がより重要な意味をもつ右方向に居住するなど，マサイ社会の特性が空間的にも現れていたが，同時に，耐久性に優れたトタンという工業製品が廉価で利用できるようになったことなどから，マニャッタの住居には変容も見られた．ここには，（ケニアを含む多くの開発途上国で進む）工業化や都市化といった大きなうねりの中で，遊牧から定住へ移り変わるマサイ社会をめぐる構造的な背景も見えかくれしていよう．

13.3　水へのアクセス

13.3.1　調査対象地の水事情

マサイの人々が住むマサイ・ランドと呼ばれる地域はそもそも雨量が少なく水資源の乏しい地域である．ナマンガも年間降水量は618 mmと少なく[9]，年のうち1～2か月しか水の流れない水無し川がいくつもある．今回の調査対象地であるオルドニョ＝オロック・ロケーション（294.9 km^2：東京都23区の半分弱の広さ）全体で，公共の給水施設は7つしかない．うち4つは深井戸，3つは山の斜面からの湧水を水源としている．「シランガ（*silanga*）」と呼ばれる伝統的な貯水池もあるが，長く続く乾季で枯れてしまうものも多い．

この限られた水を求めて，男性は家畜の群れを連れてやってくる．一方，生活用水の水汲みは女性の役割で，給水場まで歩いてロバを連れてくる．この地域ではロバの背にジェリカン[10]を5～6個載せ，100リットル分の水を1回で運ぶのが一般的なようである．ロバに運ばせるといっても，給水場まで数キロ歩き，ジェリカンに水を汲んでロバに載せるのは労力を要する．今回調査した世帯では直線距離で5.2 km離れた給水場まで水汲みにいくケースも見られた．

たしかに生活用水の水汲み労働の負担は大きいが，マサイの世帯内における水汲みの分担が興味深い．前節で見たように，マサイの1つの「世帯」内には複数の妻とその子供たちが暮らしている．その住まいのあり方と水汲み・水利用は密接につながっている．まず，マサイの住居では調理場（三ッ石）が屋内にあり，水利用の単位は各住居となっている．第一夫人とその子どもたち（既婚の子どもや孫も含む）が住むいくつかの住居は隣り合って建てられているが，水汲みはそこに住む女性や割礼前の少年が交代で行っている．第二夫人，第三夫人はまたそれぞれ別の系列で，その中でお互い交代で水汲み作業を負担しているという．過酷な水事情に対処する相互扶助システムが存在しているといえる．

13.3.2　給水施設の管理の料金徴収方法の「読み替え」

MDGsに引き続きSDGsでも「安全な水へのアクセス」は目標に含まれており，上記のような地域には，政府や外部の支援も必要だと思われる．その支援のあり方について1つの事例をもとに考察してみたい．図13.2はオルドニョ＝オロッ

図 13.2　ウオーター・キオスクと給水タンク

図 13.3　給水ポイント

ク・ロケーションにある給水施設である．水管理委員によると，1976 年にケニア政府がソーラー電力で揚水する深井戸（深さ約 36.5 m）を建設したがパネルが盗難にあい，その後コミュニティメンバーで資金を出し合ってジェネレータを購入したという．ジェネレータで揚水された地下水は，給水タンク（以前のものが老朽化したため 2013 年に欧米系の NGO が建設）に貯水される．その水が給水タンクの近くにある 2 か所の家畜用水飲み場・生活用水の給水ポイント（図 13.3），加えて約 1 km 離れた E 小学校（次節）に配水される仕組みである．

この給水タンクのすぐ横に，扉が閉まったままになった小屋が 1 軒ある（図 13.3 の左方）．給水タンクの建設を支援した NGO は，給水タンクとともにこの「ウォーター・キオスク」を建てた．ウォーター・キオスクとは，住民が持参した容器に給水し，水量に応じて料金を現金（プリペイドカードを導入している地域もある）で徴収する施設である．水利用者から確実に水料金を徴収する方法として発展途上国で近年広がりを見せている．しかしオルドニョ＝オロックのウォーター・キオスクはまったく利用されていなかった．なぜだろうか．

マサイの社会は伝統的慣習を強く保持している．その 1 つにジェンダー間の明確で厳格な役割分担がある．家庭で使う生活用水の水汲みはたしかに女性の仕事である．しかし，女性は現金の管理は行わない．買い物も男性がマーケットで家畜を売った現金で食材や衣料品を購入し，女性が行う買い物はランプ用のパラフィンとパンのみであるという．つまり，現金をほとんど手にしない女性たちが，毎回水汲みを行うたびにウォーター・キオスクで水料金を支払うのは社会的にありえないのである．

では，ジェネレータの灯油代や維持管理に必要な水料金の徴収は行われていないのであろうか．このコミュニティでは，男性が牛に水を飲ませるために毎日水場へ来る慣習を利用し，牛の頭数による従量制で男性が水料金を支払う．その社会に合致した独自の読み替えをしている事例だといえよう．牛1頭当り月50シリングであり，例えば80頭の牛を飼う世帯では4,000シリングを水管理委員会の会計係に月末に支払っている．水管理委員会は，ナマンガの街にある銀行に口座も開設している．また，「水管理委員会のメンバー22人は全員男性」ときっぱり回答が返ってきた．22人はジェネレータの出資者でもある．

この事例からいえることは，地域の慣習を理解せずして，他の地域で成功している青写真（この場合ウォーター・キオスク方式）をもち込んでも上手くいかないということである．地域社会の理解と対話に基づいた支援が求められるのではないか．

13.4 教育事情

SGDsの目標4では，「すべての人々への包摂的かつ公正な質の高い教育を提供し，生涯学習の機会を促進する」と掲げられている．ケニアの教育制度は，8年間の初等教育，4年間の中等教育および大学教育による8-4-4制であり，初等教育は2003年に無償化が実施され[11]，制度上はすべての子どもたちが初等教育を受けることができる．しかし，初等教育の就学率は85%に留まっており，とくにマサイが居住する旧リフトバレー州，旧東部州，旧北部州では就学率が低いなど地域間格差が見られるのが現状である[12]．

ただし，独自の生活様式や伝統文化を育んでいるマサイにおいては，公教育だけでなく，統計データには現れない独自のインフォーマル教育が重要な教育機会となっている．そこで，公教育とインフォーマル教育の両面からマサイの教育事情について読み解いてみたい．

13.4.1 公教育（初等教育）

筆者らが訪問したE小学校は，児童数が587名（うち，女子314人，男子273人），教員が14名の小学校である（図13.4）．児童の1日の学校生活としては，朝7時までに登校し，1時間の校内掃除や学習準備を行った後，8時から授業（1授

図 13.4 E 小学校の授業風景

業 40 分）が開始される．授業は 15 時 10 分に終業し，17 時まではクラブ活動等の自由時間を過ごし，帰宅する流れとなっている．授業科目は，スワヒリ語，英語，算数，科学，社会（キリスト教教育を含む）が中心である．マサイ語を第一言語とする子どもたちにとって，ケニアの公用語であるスワヒリ語と英語を学ぶことは，外の世界とのコミュニケーション方法を学ぶ第一歩になっており，学校教育は基礎学力の習得とともに外界とのつながりを形成する上でもきわめて重要な機能を有している．

先述のとおり，ケニアでは初等教育の無償化が達成されているため，個人の授業料負担は名目上ないが，校長や教員へのインタビューを通じて，保護者の金銭的負担について次のことが明らかになった．第一に，14 名の教員のうち，6 名は公的予算で雇用されているものの，残りの 8 名は保護者からの寄付を通じて PTA から雇用されている[13)]．第二に，円滑な授業運営のためには 14 教室あることが望ましいが，設備不足により 8 教室で運営されており，必ずしも学習環境が良いとはいえない．そのため，初等教育の授業は月曜日から金曜日の実施が原則であるが，PTA が講師料を支払う形で土曜日や長期休暇中にも課外授業を実施している．以上から，正規の授業料とは異なる形で保護者が実質的には金銭負担をしている現状が明らかとなった．

一方で，同校は，とくに低いといわれる女子児童の就学率を改善するため，女子寮の整備に取り組んでいる．マサイでは生活における女性の役割（例：水汲みやヤギの世話）の遂行が学校教育より優先されることが多く，通学女子児童の中途退学率が高い．その対策として，同校では寮を通じた女子児童の学習環境の確保を行っている．同校の女子寮は年間18,000ケニアシリングであるが[14]，収容定員100名のところ120名が入居しており，その需要は高い．このことから，保護者は必ずしも女子児童に対する学校教育に否定的であるのではなく，日常生活の中で自然と学校教育の優先度が低くなってしまう現状があり，保護者自身もそれを憂慮して子供を寮に送っている様子が垣間見られた．

13.4.2 インフォーマル教育

マサイは，独自の生活様式・伝統文化を育んでいる．それを次世代へ継承するためのインフォーマル教育の代表例として，マサイ戦士の養成教育に着目したい．

マサイの男子は，大きく分けて少年期，青年期，長老期と年齢階梯を上る．少年期を終える10代中頃までに割礼を受け，青年期（モラン期）に入る．男子にとって青年期とはマサイ戦士として過ごす時期を意味する．青年期は，下級青年期と上級青年期の2つに分類される．地域の少年の数が一定数になると，長老によって割礼式が行われ，青年期に入った男子は下級青年となり年齢集団を形成する．年齢集団は，それまで家族の保護下で成長してきた少年たちが，自立した大人になるための集団学習の場としての機能を有し，大人としての知識やスキルを習得する．また，年齢集団からリーダーが選出され，構成員を統括する役目を担う．この集団学習を経ることで，下級青年は上級青年となり，マサイ戦士として数年間を過ごす．

図13.5 マサイ戦士訓練用集落

筆者らは，マタパトにおける年齢集団のリーダーの中でもとくに優秀あるいは血筋が良いと判断された下級青年向けの訓練用集落（ボマ）を訪問した（図13.5）．この集落は，8つの氏族の下級青年が属する年齢集団の中から選抜された49人によって形成され，母親とともに約4か月の共同訓練生活を送る．

この集落での生活には，独自の取決めがある．例えば，戦士訓練は合同で行う一方で，日常生活は家庭ごとに行う．また，食事は，肉と水，薬のみが摂取可能である．選抜者は外敵との戦い方，家族や財産の守り方，自然との関わり方などを学ぶ．

年齢集団を形成する時期は長老の判断によるが，おおむね中学校に在籍する年代であるとされる．2012年時点で，ケニア全国での中等教育の総就学率が49.3%[15]であることを踏まえると，中等教育に進学しない初等学校修了者はけっして少数派ではない．彼らにとって年齢集団は，SGDsの目標4で掲げられている生涯教育に類似する教育機能を有しているといえる．しかし，こうしたインフォーマルな教育活動は，近代教育制度の評価指標には反映されにくい．その意味では，近代教育制度から見た持続的可能性の追求だけでなく，地域性や民族の実状を踏まえた評価分析や改善への取組みが望まれるのではないだろうか．

13.5 マサイ・コミュニティから学ぶこと

結びに，SDGsに向けてマサイ・コミュニティから学ぶことをあげておく．

まず第一に，当該社会に対する理解なく目標の達成は難しいという点を指摘しておきたい．「ウォーター・キオスク」の例に象徴的に見られるが，実際，ウォーター・キオスクは他の地域での成功事例ではあったが，マサイ・コミュニティへの導入に際してマサイ社会におけるジェンダー間の役割分担に対する理解が不十分であったためにウォーター・キオスクが放置されることとなってしまった．類似の例は様々な地域で数多くあげられるが，この限られた事例にも見られたことは問題の根深さを物語ろう．

また，本質的には当該社会に合った目標設定が求められることも強調しておきたい．例えば，マサイ社会における教育は，公的な教育のみによらず，年齢集団というマサイ固有の学習制度によっても担保されていることを指摘したが，SDGsなどのグローバルな開発目標は，統計データを得やすい前者のみに着目して目標を設定して評価しがちであり，したがって，とりわけ当該社会に固有の慣習的制度が卓越することが多い開発途上国においては，そのような評価が当該社会全体における真に持続可能な開発の達成度合いを必ずしも反映しているとは限らない．ただし，伝統的住居「マニャッタ」の変容に見られるように，それぞれの地域社会は大きなうねりの中で構造的に動き続けている．当該社会の固有性とともにこうした構造的な背景にも十分に配慮することが必要であろう．

筆者らはマサイ・コミュニティから限られた紙面では書ききれないほど多くを得た．地域社会における真に持続可能な開発を求めて研究を深化させていくこととしたい．

注と参考文献

1) ケニアでは，2003年に州制度が解体，全国が47のカウンティ（County）に再編成され，行政機構は，カウンティ－サブカウンティ（Sub county）－ディビジョン（Division）－ロケーション（Location）－サブロケーション（Sub-location）－村（Village）－ニュンバ＝クミ（*Nyumba kumi*）より成る．
2) Kenya OpenData（http://www.opendata.go.ke）（閲覧日：2017年3月11日）．
3) 岡崎　彰：マサイ，『文化人類学事典』，pp.717–718，弘文堂，1987
4) Maasai Association（http://www.maasai-association.org/maasai.html）によれば16であり，目黒（2014）は20の地域集団の名称を列挙している．
5) 目黒紀夫：さまよえる「共存」とマサイ，新潮社，2014
6) 地域集団によっては，この青年期を「上級青年」と「下級青年」の2段階に分ける（オレ＝サンカン，1989，佐藤　俊訳）．
7) 「入社組」と訳されることもある（オレ＝サンカン1989，佐藤　俊訳）．
8) National Council for Law Reporting：PROHIBITION OF FEMALE GENITAL MUTILATION ACT No.32 of 2011, Revised Edition 2012
9) Climate-Data.org（2016）Climate：Namanga. https://en.climate-data.org/location/103440/ より
10) ジェリカンとはプラスチック製の容器で，東アフリカでは水の運搬に多用される．
11) 初等教育の無償化は，1970年代から実施されたが，1980年代に小学校が授業料や諸経費の徴収を再開したことから中止された．しかし，この中止が就学率に悪影響を与えたため，2003年に再開された．
12) JETRO 2012「教育事情ケニアBOP層実態調査レポート」．https://www.jetro.go.jp/ext_images/theme/bop/precedents/pdf/lifestyle_education_ke.pdf（閲覧

日：2017年3月1日）．ケニア統計局による公表データは，2017年2月時点でも旧各州を単位としている．

13）ケニア全国のST（教員1人当りの児童数）比は，2012年時点で57：1（Kenya Vision 2030, Economic Survey 2013 Highlight, p.38）．同校は公的予算での教員6名では90：1と全国平均を大きく下回るが，全14名では36：1と全国平均を大きく上回る．

14）同校の教員によると，牛1頭当り約30,000ケニアシリングの価値なので，一般的には寮費は大きな負担ではないとのこと．

15）Kenya Vision 2030, Economic Survey 2013 Highlight p.38.

14. 持続可能な開発目標に対する国際共生社会研究センターの貢献

14.1 持続可能な開発目標に向けた国際共生社会研究センターの研究と本書の目的

◎国際共生社会研究センターが行ってきたこと

国際共生社会研究センターは 2001 年の活動以来共生社会の実現や内発的発展をテーマとして実践的な国際貢献を目指した研究活動を行ってきた．さらに引き続き 2015 年度より SDGs への貢献を目標とする研究に対し文部科学省の支援を得て研究を進めている．

◎国際共生社会研究センターが目指すこと

国際共生社会研究センターのこれまでの研究成果をベースとして，「社会基盤形成」，「人材育成」，「持続可能な社会と環境」の 3 つの研究分野を設定し技術と社会を統合した研究成果を得るとともにその実際への適用による SDGs の実現を目指している．この中ではアジアにおける研究成果をアフリカ等これまで取り組んでいなかった地域にも適用すること，実際的な分野への適用としての持続可能な観光の研究を行うこととしている．

◎国際共生社会研究センターの特徴と研究の体系

当センターはこれまでの研究成果を踏まえ SDGs の実現への貢献を目指すものであり，そのために技術，経済・社会の双方の出身の研究員により様々な分野を統合するとともに，成果の実現を目指しフィールドワークなどを中心とした実践的な研究を行うという他に類を見ない特徴がある．本研究においては，センターのこれまでの研究成果をベースとして，SDGs の 17 目標（ゴール）を「経済」，

図 14.1　国際共生社会研究センターの経緯と目指すもの

「人材」,「環境」の 3 つに大きく整理し，それを踏まえた「社会基盤形成」,「人材育成」,「持続可能な社会と環境」の 3 つの研究分野を設定した.

◎**国際共生社会研究センターの研究とこの本で伝えたいこと**

したがって，本書ではこのような国際共生社会研究センターの新たな研究について，具体的にどのような取組みを行っているのか，また現時点での成果と今後の展開の方向はどのようなものであるかについて体系的に示したい．このことにより，SDGs の目標を踏まえた国際貢献について具体的な取組みを示し国際開発専門家や NGO，関心をもつ市民やこれらを学ぶ学生たちにとっても良きテキストとなることを期待するものである．以上に述べた当センターの経緯と目指すものの概要を図 14.1 に示す.

14.2　持続可能な開発目標に向けた国際共生社会研究センターの研究のテーマとその概要

◎**国 際 貢 献**

国際共生社会研究センターは 2001 年の設立以来アジア開発途上地域における内発的発展支援手法の開発という研究テーマのもと，とくに開発途上国における課題解決を目指した研究を続けてきたが，2015 年からはアジア・アフリカにおける地域に根ざしたグローバル化時代の国際貢献手法の開発をテーマに研究を行っており，「国際貢献」がサブテーマの 1 つとなっている．ここでは，センター設立以来積上げてきた研究成果をベースに，「その成果を広く展開し，いかに国際貢献に結びつけるか」ということについて研究をしている．具体的には，これまでの研究で明らかになった，環境配慮型の発展メカニズムや，内発的発展のための手法などについて，「どのような支援手法をとれば発展メカニズムを促進できるのか？」,「開発促進に必要な人材をどのような枠組で育成していくのか？」などについて，現場での活動を基本に研究をしている．また，同時に，具体的な国際貢献プロジェクトへの取組みも行っていく.

◎**持続可能なビジネス**

開発途上国が貧困や格差等の社会的な問題を解決し，内発的かつ持続可能な発展を遂げるためには援助漬けの状態をつくり出すのではなく，地域にその利益を還元できるビジネスを創発することが求められているが，現状ではこれに反する事例も少なくない．そこで真に開発途上国にその利益を還元する産学連携によるビジネス創発の研究が求められている．このため観光開発をテーマとしてとりあげ一過性ではなく，持続可能に発展できるためには，産業側，先進国側の研究フィールドの中で，倫理と社会的責任を統一テーマとして研究を推進していく．

◎インクルーシブ・アフリカ

アフリカの今をどのように読めばよいか？　近年の比較的好調な経済成長などから明るい未来を描く人もおり，アフリカの都市も世界で最も成長する40都市に含まれている．一方で経済成長に伴う格差の拡大は深刻で世界で最も不平等な5都市にアフリカ都市があげられている．都市以外の状況はさらに深刻なものがある．このようなアフリカの将来をどう考えればよいか．答えは2点に集約される．個別分野では分野横断的な取組みが求められることと，そして，現場の知恵から解を見出すことである．具体的には，開発・貧困・国際関係・水・衛生・高等教育・まちづくりを入り口として進めていく．

14.3 本書のまとめ

◎SDGs実現の手法

上述のとおり，当センターはいかにSDGsを実現するかを研究しその成果を実践することを目標としている．本書は第1章にあげた外部のSDGsの専門家から寄せられたSDGsの枠組および各著者による専門分野ごとの実践への取組みの現状と課題および実現のための手法に関する研究成果が示されている．第14章においてはまとめとして，これらの個々の具体的取組みがSDGsの実現にどのように寄与しうるかという観点から「SDGs実現の手法」を軸として表14.1に(1)～(4)の4つの分類に大別して再構成している．ここで示される様々な手法は，ほかの多くの分野に適用可能なものも少なくない．

◎本書で考えているSDGs実現の方向

図14.2に本書で考えているSDGs実現化への方向の概略を示す．その中での当

表 14.1　本書に示す SDGs 実現の方法

(1) マクロ的な開発への支援
①民間投資による自律的な開発による発展途上国の経済成長の支援（第 2 章に示す）
ポイント：近年多くの事例がある市場による金融を中心とした手法
②民間による持続可能な都市形成のためのインセンティブ（第 4 章に示す）
ポイント：先進国の事例におけるグリーンビルディングの仕組み（直接的な経済的メリットの他に支援のための認証制度や助成）を発展途上国の持続可能な都市形成のため適用する．民間による開発にインセンティブを与える．
③国際機関の重点投資による開発基盤の形成を踏まえた持続可能な開発の促進（第 11 章に示す）
ポイント：アフリカにおける持続可能な開発のための成長基盤への重点投資政策．アジアに見られるような工業化が重要でそのネックの解消がポイント

(2) コミュニティベースでの持続可能な開発の実践をもとにした開発
①ソーシャルビジネスによる分権的なインフラ普及（第 3 章に示す）
ポイント：ソーシャルビジネスによる分権的な電力／水供給
ミャンマー中央における乾燥地域のような途上国の遠隔地における小規模投資による早期のインフラ整備による開発の促進のためのビジネスモデル
② NGO による人材育成（コラム 1 に示す）
ポイント：ミャンマー中央乾燥地域における NGO による井戸の補修におけるローカルスタッフ／村落居住者の人材育成の事例
NGO はローカルスタッフの独立を支援
③インフォーマル活動のフォーマル化（コラム 2 に示す）
ポイント：フィリピン，タイにおけるパラトランジット，インフォーマル交通のフォーマル化の事例
情報技術（配車アプリ）*の応用と制度化による既存のパラトランジットのフォーマル化により途上国に適用可能な持続可能な交通手段の開発
④防災におけるレジリエントでサステナブルな対応（第 6 章に示す）
ポイント：防災においては長期的視点をもつとともに住民の意見と政府のガバナンス，安全と生計のバランスが必要
⑤発展途上段階における内発的社会保障・福祉の地域ベースの実施とそれをベースとした全国的制度化（第 8 章に示す）
ポイント：わが国の事例に見るように地域ベースの個別の実践の成果が制度化されて普及することにより現実的な SDGs の実現手法が開発される．途上国にも適用可能な方法論の提示
⑥持続可能な観光とコミュニティ開発（コラム 4 に示す）
ポイント：地域のイニシアティブによる地域の観光資源の済州オルレを活用した民間団体による観光開発
⑦当該社会に対する理解を踏まえた開発目標の設定と開発の実践（第 13 章に示す）
ポイント：マサイ・コミュニティの事例にみるようにコミュニティをベースとした開発においては当該社会に対する理解とそれを踏まえた開発が必要．またコミュニティの開発においては複合的な取組みが必要

(3) 意識の変革とその共有

①環境への当事者意識をもった行動への支援（第5章に示す）

ポイント：ライフサイクルの配慮による持続可能性の評価，他側面の影響への配慮と意思決定の支援，環境への意識と行動と効果的なアプローチの探索により情報や知識の提供による先進国も含めた当事者意識をもった行動につなげていく.

②女性のエンパワーメント（第7章に示す）

ポイント：フィリピンの女性地域リーダーの意識と課題の分析を踏まえSDGsにおける関連する項目の実現手法の具体的検討を行う.

③すべての人に対する支援―障害者教育の実践を踏まえた障害者支援への意識の共有（第9章に示す）

ポイント：すべての人に対する支援のひとつとして障害者教育の実践からこの問題への対応にはボトムアップと同時にトップダウンが必要．障害のある人もそうでない人も含めた様々なレベルでの意識の共有が必要との認識

④観光開発とサステナブルツーリズム（第10章に示す）

ポイント：環境保全と地域コミュニティに適切に配慮したサステナブルツーリズムはSDGsへの貢献
このために事業者，来訪者を含めた認識共有の教育の必要性

(4) 技術の開発とその利用

①実地への適用可能な適正技術の開発と倹約的技術による水供給（コラム3に示す）

ポイント：BOPビジネスによる水供給問題解決のため倹約的な適正技術による現地で受入れ可能な価格の機器開発の提案

②最新技術の農業への適用（第12章に示す）

ポイント：アフリカの農業を成長させるために科学技術，地域市場，新しいリーダーが必要
科学技術として土地と水の管理に関する技術，農業の機械化，バイオ技術，ICTの利用など科学技術の実地への適用の方向付けと課題

注：* 情報技術については（4）に関連

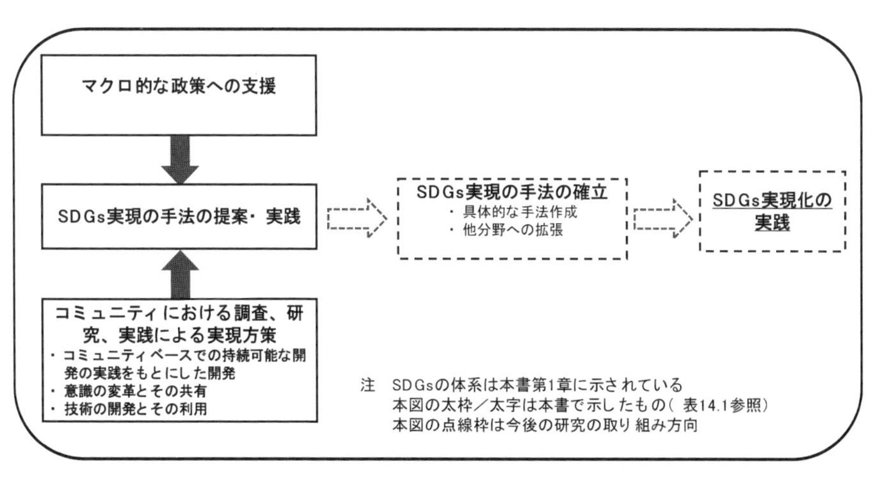

図14.2 本書で考えているSDGs実現化への方向

センターのSDGsの実現への関わりは表14.1に示す4つの分類ごとに見ると概括的には以下のとおりとなる.

(1)　マクロ的な開発への支援

これは，SDGsの実現のためのマクロ的な枠組を提供するものである．マクロ的な開発政策の形成・実施に対して対話や参加をもってその実現を支援することが当センターの活動の役割となろう.

(2)　コミュニティベースでの持続可能な開発の実践をもとにした開発

当センターはSDGsの実現のためのコミュニティベースでの取組みに調査，研究，実践などにより参加しているが，このような活動をさらに進めるとともに，分野横断的な取組みを行うこと，成果を広く様々な分野に適用すること，制度化などにより持続可能なものにしていくことなどにより，当センターが主体的にSDGsの実現をはかっていくことになろう.

(3)　意識の変革とその共有

フィールドにおける調査，研究などにおいて人々の意識にSDGs実現に対するネックがあることが示された課題であり，意識の変革と教育などがSDGsの実現につながることとなる．当センターは対話や参加により具体的にSDGsの実現をはかっていくことになろう.

(4)　技術の開発とその利用

フィールドにおいて明らかにされた課題の解決のための適正技術の開発，適用と同時に情報技術など先端技術をいかにフィールドに適用するかもSDGsの実現につなげることとなる．当センターは対話や参加により具体的にSDGsの実現をはかっていくことになろう.

これらをもとにSDGs実現の手法の確立が今当センターに求められている．そのためにより具体的な手法を作成すること，他分野への適用について方向を示すことなどによりSDGs実現の手法の確立を行い，同時に自らも実践に参加することを目指すことになる.

なお，14.1，14.2節の詳細については東洋大学国際共生社会研究センターのホームページ（http://www.toyo.ac.jp/site/orc）を参照されたい．また表14.1に示す内容の詳細については表中に示す本書各章とコラムを参照されたい.

索　引

欧　文

ア　行

ハ　行

マ　行

ヤ　行

ラ　行

持続可能な開発目標と国際貢献
—フィールドから見たSDGs—

定価はカバーに表示

2017年9月1日　初版第1刷

編集者　北　脇　秀　敏
　　　　金　子　　　彰
　　　　松　丸　　　亮
　　　　眞　子　　　岳
発行者　朝　倉　誠　造
発行所　株式会社　朝　倉　書　店
東京都新宿区新小川町 6-29
郵便番号　162-8707
電　話　03(3260)0141
FAX　03(3260)0180
http://www.asakura.co.jp

〈検印省略〉

新日本印刷・渡辺製本

ISBN 978-4-254-18053-4　C 3040　Printed in Japan